"十四五"时期水利类专业重点建设教材(职业教育)

水生态文明建设导论

(第二版)

主　编　谢　彪　傅　静
副主编　孙　杨　徐燕星　付建国　郭成建　白俊峰

中国水利水电出版社

www.waterpub.com.cn

·北京·

内 容 提 要

本书共分 8 章，内容包括绪论、水安全理论、水生态、水资源、水景观、水文化、水经济、河湖长制等。书中着重阐述了水生态文明建设概要知识、相关定义、基本原理、技术方法，并在应用性较强的章节穿插了工程实践案例。

本书是高等职业院校水利类专业的通用教材，也可作为其他相关工程专业的教材，还可供从事水生态文明建设工作的工程师、技术员参考使用。

图书在版编目（CIP）数据

水生态文明建设导论 / 谢彪，傅静主编. -- 2版
. -- 北京：中国水利水电出版社，2023.12(2025.1重印).
"十四五"时期水利类专业重点建设教材. 职业教育
ISBN 978-7-5226-1941-5

Ⅰ．①水… Ⅱ．①谢… ②傅… Ⅲ．①水环境－生态
环境建设－中国－高等职业教育－教材 Ⅳ．①X143

中国国家版本馆CIP数据核字(2023)第227521号

书 名	"十四五"时期水利类专业重点建设教材（职业教育） **水生态文明建设导论（第二版）** SHUISHENGTAI WENMING JIANSHE DAOLUN	
作 者	主 编 谢 彪 傅 静 副主编 孙 杨 徐燕星 付建国 郭成建 白俊峰	
出版发行	中国水利水电出版社 （北京市海淀区玉渊潭南路 1 号 D 座　100038） 网址：www.waterpub.com.cn E - mail：sales@mwr.gov.cn 电话：(010) 68545888（营销中心）	
经 售	北京科水图书销售有限公司 电话：(010) 68545874、63202643 全国各地新华书店和相关出版物销售网点	
排 版	中国水利水电出版社微机排版中心	
印 刷	天津嘉恒印务有限公司	
规 格	184mm×260mm　16 开本　8.75 印张　213 千字	
版 次	2019 年 8 月第 1 版第 1 次印刷 2023 年 12 月第 2 版　2025 年 1 月第 2 次印刷	
印 数	3001—6000 册	
定 价	**35.00 元**	

序

　　党的十八大将生态文明建设提升至与经济、政治、文化、社会"四大建设"并列的高度，纳入社会主义现代化建设"五位一体"总体布局，标志着中国现代化转型正式进入了新阶段。党的十九大报告中有关生态文明建设的内容高屋建瓴、内涵丰富，字字充满中国智慧，句句符合中国国情，处处体现中国特色，为中国特色社会主义新时代树立起了生态文明建设的里程碑，为推动形成人与自然和谐发展现代化建设新格局、建设美丽中国提供了根本遵循和行动指南。党的二十大报告指出，"中国式现代化是人与自然和谐共生的现代化"，明确了我国新时代生态文明建设的战略任务，总基调是推动绿色发展，促进人与自然和谐共生。强力推进生态文明建设，对于建设美丽中国，实现中华民族永续发展具有重大意义。

　　水生态文明建设是生态文明建设的重要基础和保障。水利部对水生态文明建设进行了明确部署，强调把生态文明理念融入到水资源开发、利用、治理、配置、节约、保护的各方面和水利规划、建设、管理的各环节。长期以来，我国经济社会发展付出的水资源、水环境代价过大，水旱灾害频发、水资源调控能力不足、水环境污染、水生态损害等问题日益凸显。加快推进水生态文明建设，从源头上扭转水生态环境恶化趋势，关系治水、兴水、管水千秋伟业，是在更深层次、更广范围、更高水平上推动民生水利新发展的重要任务，是促进人水和谐、推动生态文明建设的重要实践，是认真践行我国"节水优先、空间均衡、系统治理、两手发力"十六字治水思路的具体体现。

　　将水生态文明理念宣传贯彻好，深入到水利各领域、各环节，是我们水利工作者特别是水利类专业教师应有的责任，让水利类专业学生和水利从业人员深入了解和掌握水生态文明有关知识是宣传贯彻水生态文明理念的重要抓手。编制一本通俗易懂的《水生态文明建设导论》教材，将水生态文明理论与实践进行广泛的宣传和使用，是贯彻落实水生态文明理念的有效途径。

　　本书作者在长期从事水利工程建设与管理和水生态文明理念宣传与讲授的过程中，积累了较丰富的水生态文明理论和实践经验，在此基础上编制了这本教材。这本教材突出了理论性、基础性、实用性和操作性，系统阐述了水生态文明的概念、水生态文明建设总体思路以及目标和评价指标体系等，按照水安全保障、水环境修复、水生态系统修复、水资源管理、水文化建设、河长制的思路编写而成，并加以具体案例，内容较为充实、完善。本书旨在帮助大学生和有关人员更好、更准确地认识和学习水生态文明理念，提升学生的水生态文明意识，增强学生对水生态文明建设的认同感、责任感，以满足水生态文明建设理论的教育与培训基本需求。

郭智

2019 年 5 月

第二版前言

生态兴则文明兴。党的十八大以来，以习近平同志为核心的党中央把生态文明建设作为关系中华民族永续发展的根本大计，开展了一系列开创性工作，决心之大、力度之大、成效之大前所未有，生态文明建设从理论到实践都发生了历史性、转折性、全局性变化，美丽中国建设迈出重大步伐。

水是生命之源，也是生态文明建设的发力点。水生态文明建设是一个系统性建设工程，本书在上一版的基础上进行了修订，优化了相关内容，共分8章。第1章简要介绍了生态文明的认识进程与内涵，以及水生态文明的概念、思路、目标和意义等，由谢彪、傅静修订；第2章介绍水安全保障体系，包括水资源、水环境、水生态、水工程、供水安全等，由郭成建、白俊峰修订；第3章介绍水生态概述、河道生态整治、水生态环境修复技术等，由孙杨修订；第4章介绍水资源管理制度、补偿制度、绩效评价、责任追究、水生态法规、智慧水务和水资源监控能力建设等，由徐燕星修订；第5章介绍亲水景观、滨岸带景观、绿化景观建设等，由傅静修订；第6章介绍水文化内涵、发掘与保护、水文化教育等，由付建国修订；第7章介绍水资源经济含义、研究内容、水权、水价与水资源市场等，由傅静修订；第8章介绍河湖长制内涵、支撑体系以及江西河湖长制的实践总结等，由谢彪修订。全书由谢彪和傅静统稿。

电子课件

第一版前言

生态文明建设，是中国特色社会主义事业的重要内容，关系人民福祉，关乎民族未来。党的十九大报告提出，建设生态文明是中华民族永续发展的千年大计，必须树立和践行绿水青山就是金山银山的理念，坚持节约资源和保护环境的基本国策，像对待生命一样对待生态环境。

水，是生命之源、生产之要、生态之基。作为自然物质迁移转化的重要载体，如何实现水资源可持续利用、支撑经济社会和谐发展、保障生态系统良性循环为主体的人水和谐，是生态文明建设的重要部分和基础内容。因此，水生态文明建设应当成为生态文明建设的先导和核心。

水生态文明建设是一个系统性建设工程。本书较全面地介绍了水安全保障体系、水生态环境修复体系、水资源管理体系、水景观规划设计体系、水文化建设、水经济建设和江西推行河长制的实践总结等。

全书共分8章。第1章简要介绍了生态文明的认识进程与内涵，以及水生态文明建设的概念、思路、目标和意义等，由谢彪、傅静、潘乐编写；第2章介绍水安全保障体系，包括水资源、水环境、水生态、水工程、供水安全等，由郭成建、白俊峰编写；第3章介绍水生态概述、水系生态整治措施、水生态环境修复技术和案例等，由王兴、徐桂珍、孙杨编写；第4章介绍水资源管理制度、补偿制度、绩效评价、责任追究、水生态法规、智慧水务和水资源监控能力体系等，由徐燕星编写；第5章介绍水景观相关理论、艺术性分析、景观设计基本要求和特色设计等，由张力薇编写；第6章介绍水文化内涵、发掘与保护、水文化教育等，由付建国编写；第7章介绍水资源经济，水资源经济学的研究对象和研究内容，水权、水价与水资源市场等，由傅静编写；第8章介绍河长制内涵、支撑体系以及江西河长制的实践总结等，由谢彪编写。全书由谢彪、傅静和王兴统稿。

本书在编写过程中得到中国工程院茆智院士、江西省河长办邹崴处长、南昌大学刘成林教授、南昌工程学院桂发亮教授等专家的指导和帮助，在此表示深深的谢意。同时得到相关参考文献作者的帮助和指导，在此对所有参考文献的作者表示衷心的感谢，并欢迎联系和交流。

由于编写时间仓促，限于作者的水平和能力，本书在内容选择、文字表述、图文体例等各方面难免有不妥之处，恳请读者批评指正。

编者

2019 年 3 月

目录

第1章 绪 论

1.1 生态文明的认识进程与内涵

对生态文明理念的理解，必须放在人类认识资源环境问题的历史进程中来把握。

生态文明是由严重的资源环境问题而引发的，针对我国经济增长中资源环境代价过大的严峻形势，以中国传统文化为背景，以可持续发展理念为基础，从人类社会文明形态演替的角度，站在国家执政理念的高度，在对人与自然、人与人、人与社会之间本质关系的认识过程中形成的理论结果。

从人类文明演替的进程和规律看，犹如农耕文明替代原始文明、工业文明替代农耕文明一样，一种以新的生产力和生产方式为动力、以新的人与自然关系及人与人关系为核心，以解决工业文明所固有的环境与发展矛盾为目的的新的文明形态必然要登上人类历史的舞台，这就是生态文明。从党治国理政的理念和国家建设与发展的实际需要看，生态文明建设成为中国特色社会主义建设总体布局的重要组成部分乃应有之义。中国特色社会主义是以中国基本国情为基础的经济、政治、文化、社会、自然等方面之间相互协调发展的社会形态和制度，它的内涵和发展要素是随着中国社会发展进程而不断丰富和扩展的。中国特色社会主义既是经济发达、政治民主、社会和谐和文化先进的社会，又是生态环境良好的社会。当经济增长中资源环境代价过大，资源环境问题成为中国经济社会发展的瓶颈约束时，生态文明建设必然也必须成为中国特色社会主义伟大事业总体布局的有机组成部分。

党的十八大报告首次完整阐述了"五位一体"的总布局，即经济、政治、文化、社会和生态五大建设一起抓，并列于中国特色社会主义的理论体系之中，使之"成为一体"。这五大建设是相互影响的有机整体：经济建设是根本，政治建设是保障，文化建设是灵魂，社会建设是条件，生态文明建设是基础。报告指出，"建设生态文明，是关系人民福祉、关乎民族未来的长远大计。面对资源约束趋紧、环境污染严重、生态系统退化的严峻形势，必须树立尊重自然、顺应自然、保护自然的生态文明理念，把生态文明建设放在突出地位，融入经济建设、政治建设、文化建设、社会建设各方面和全过程，努力建设美丽中国，实现中华民族永续发展。"

十八大以来的五年，我国生态文明建设成效显著。大力度推进生态文明建设，全党全国贯彻绿色发展理念的自觉性和主动性显著增强，忽视生态环境保护的状况明显改变。生态文明制度体系加快形成，主体功能区制度逐步健全，国家公园体制试点积极推进。全面节约资源有效推进，能源资源消耗强度大幅下降。重大生态保护和修复工程进展顺利，森林覆盖率持续提高。生态环境治理明显加强，环境状况得到改善。引导应对气候变化国际合作，成为全球生态文明建设的重要参与者、贡献者、引领者。

党的十九大报告提出,"建设生态文明是中华民族永续发展的千年大计。必须树立和践行绿水青山就是金山银山的理念,坚持节约资源和保护环境的基本国策,像对待生命一样对待生态环境,统筹山水林田湖草系统治理,实行最严格的生态环境保护制度,形成绿色发展方式和生活方式,坚定走生产发展、生活富裕、生态良好的文明发展道路,建设美丽中国,为人民创造良好生产生活环境,为全球生态安全作出贡献。"报告指出了我们党和国家在新时代中国特色社会主义经济社会发展中,人民群众日益增长的美好生活需求之一,正是对于美丽中国、美丽家园的美好愿望。迈进新时代,生态已经成为人民生活中不可或缺的关键一环。

党的二十大报告再次指明了生态文明建设的重要意义,提出"大自然是人类赖以生存发展的基本条件。尊重自然、顺应自然、保护自然,是全面建设社会主义现代化国家的内在要求。必须牢固树立和践行绿水青山就是金山银山的理念,站在人与自然和谐共生的高度谋划发展。要推进美丽中国建设,坚持山水林田湖草沙一体化保护和系统治理,统筹产业结构调整、污染治理、生态保护、应对气候变化,协同推进降碳、减污、扩绿、增长,推进生态优先、节约集约、绿色低碳发展"。"江山就是人民,人民就是江山",再一次突出了人民对于中国共产党的重要地位与重要意义,而生态文明建设更是中国共产党全面提升人民群众的获得感、幸福感和安全感的重要组成部分,人民群众是生态文明建设最直接的受益者。生态文明建设是中国共产党为人民谋幸福、为民族谋复兴、为世界谋大同的新方向与新作为。

人与自然是生命共同体,人类必须尊重自然、顺应自然、保护自然,只有遵循自然规律,才能有效防止在开发利用自然上走弯路。人类对大自然的伤害最终会伤及人类自身,这是无法抗拒的规律。新时代中国特色社会主义要建设的现代化是人与自然和谐共生的现代化,既要创造更多物质财富和精神财富以满足人民日益增长的美好生活需要,也要提供更多优质生态产品以满足人民日益增长的优美生态环境需要。必须坚持节约优先、保护优先、自然恢复为主的方针,形成节约资源和保护环境的空间格局、产业结构、生产方式、生活方式,还自然以宁静、和谐、美丽。

建设人与自然和谐发展的现代化迫切需要生态文明建设,生态文明建设是实现优美生态环境的必然选择。我国的基本国情是人口多、底子薄,资源相对不足、环境承载能力有限,又处于工业化、信息化、城镇化、市场化、国际化深入发展的历史进程。党的二十大报告指出,"没有坚实的物质技术基础,就不可能全面建成社会主义现代化强国",充分论述了物质技术基础与迈向社会主义现代化强国之间的紧密关系。生态文明建设,包括其中所追求的阶段性碳达峰碳中和目标,将会培育和推动一批新技术、新产业的出现和发展,助力中国经济进一步高质量发展,为中国迈向社会主义现代化强国、向第二个百年奋斗目标进军打好更高维度、更高层级的物质技术基础。"中国人民愿同世界人民携手开创人类更加美好的未来",再次充分展现了中国作为负责任大国的担当与作为。美好的未来离不开美丽的生态,在世界整体面临气候变化等全球性问题时,党的二十大在相关方面所作出的承诺及部署,为世界人民应对全球性生态问题注入了信心。未来,中国将围绕"加快发展方式绿色转型""深入推进环境污染治理""提升生态系统多样性、稳定性、持续性"和"积极稳妥推进碳达峰碳中和"的"四条主线"进一步布局,中国生态文明建设必将续写新辉煌,翻开新篇章,为全球共同应对气候挑战,为世界可持续发展作出力所能及的贡献。

1.2 生态文明建设的特征

生态文明理念及建设实践具有四个鲜明的特征:

(1)在价值观念上,生态文明强调给自然以平等态度和人文关怀。人与自然作为地球的共同成员,既相互独立又相互依存。人类在尊重自然规律的前提下,利用、保护和发展自然,给自然以人文关怀。生态文化、生态意识成为大众文化意识,生态道德成为社会公德并具有广泛影响力。生态文明的价值观从传统的"向自然宣战""征服自然",向"人与自然协调发展"转变;从传统经济发展动力——利益最大化向生态经济全新要求——福利最大化转变。

(2)在实践途径上,生态文明体现为自觉自律的生产生活方式。生态文明追求经济与生态之间的良性互动,坚持经济运行生态化,改变高投入、高污染的生产方式,以生态技术为基础实现社会物质生产系统的良性循环,使绿色产业和环境友好型产业在产业结构中居于主导地位,成为经济增长的重要源泉。生态文明倡导人类克制对物质财富的过度追求和享受,选择既满足自身需要又不损害自然环境的生活方式。

(3)在社会关系上,生态文明推动社会走向和谐。人与自然和谐的前提是人与人、人与社会的和谐。一般来说,人与社会和谐有助于实现人与自然和谐,反之,人与自然关系紧张也会给社会带来消极影响。随着环境污染侵害事件和投诉事件的逐年增多,人与自然之间的关系问题已成为影响社会和谐的一个重要制约因素。建设生态文明,有利于将生态理念渗入经济社会发展和管理的各个方面,实现代际、群体之间的环境公平与正义,推动人与自然、人与社会的和谐。

(4)在时间跨度上,生态文明是长期艰巨的建设过程。当前,我国生态文明建设仍然面临诸多矛盾和挑战,生态环境稳中向好的基础还不稳固,从量变到质变的拐点还没有到来。生态环境质量同人民群众对美好生活的期盼相比,同建设美丽中国的目标相比,同构建新发展格局、推动高质量发展、全面建设社会主义现代化国家的要求相比,都还有较大差距。我国产业结构调整有一个过程,传统产业所占比重依然较高,战略性新兴产业、高技术产业尚未成长为经济增长的主导力量,能源结构没有得到根本性改变,重点区域、重点行业污染问题没有得到根本解决,实现碳达峰碳中和任务艰巨,资源环境对发展的压力越来越大。推动绿色低碳发展是国际潮流所向、大势所趋,绿色经济已经成为全球产业竞争制高点。一些西方国家对我国大打"环境牌",多方面对我国施压,围绕生态环境问题的大国博弈十分激烈。生态文明建设既要"补上工业文明的课",又要"走好生态文明的路",这决定了建设生态文明需要长期坚持不懈的努力。

1.3 生态文明建设基本方略

生态文明建设既是重大的理论问题,也是重大的实践问题。发展是解决我国一切问题的基础和关键，发展必须是科学发展，必须坚定不移贯彻创新、协调、绿色、开放、共享的发展理念。生态文明建设的根本途径是转变经济发展方式，基本要求是改善生态环境质量，社会基础是牢固树立尊重和爱护自然的观念。

现阶段，我国生态文明建设的战略思路是：推动绿色发展，促进人与自然和谐共生。坚持绿水青山就是金山银山理念，坚持尊重自然、顺应自然、保护自然，坚持节约优先、保护优先、自然恢复为主，实施可持续发展战略，完善生态文明领域统筹协调机制，构建生态文明体系，推动经济社会发展全面绿色转型，建设美丽中国。生态文明建设的重大任务主要包括以下三个方面。

1.3.1　提升生态系统质量和稳定性

坚持山水林田湖草系统治理，着力提高生态系统自我修复能力和稳定性，守住自然生态安全边界，促进自然生态系统质量整体改善。

（1）完善生态安全屏障体系。强化国土空间规划和用途管控，划定落实生态保护红线、永久基本农田、城镇开发边界以及各类海域保护线。以国家重点生态功能区、生态保护红线、国家级自然保护地等为重点，实施重要生态系统保护和修复重大工程，加快推进青藏高原生态屏障区、黄河重点生态区、长江重点生态区和东北森林带、北方防沙带、南方丘陵山地带、海岸带等生态屏障建设。加强长江、黄河等大江大河和重要湖泊湿地生态保护治理，加强重要生态廊道建设和保护。全面加强天然林和湿地保护，将湿地保护率提高到55％。科学推进水土流失和荒漠化、石漠化综合治理，开展大规模国土绿化行动，推行林长制。科学开展人工影响天气活动。推行草原森林河流湖泊休养生息，健全耕地休耕轮作制度，巩固退耕还林还草、退田还湖还湿、退围还滩还海成果。

（2）构建自然保护地体系。科学划定自然保护地保护范围及功能分区，加快整合归并优化各类保护地，构建以国家公园为主体、自然保护区为基础、各类自然公园为补充的自然保护地体系。严格管控自然保护地范围内的非生态活动，稳妥推进核心区内居民、耕地、矿权有序退出。完善国家公园管理体制和运营机制，整合设立一批国家公园。实施生物多样性保护重大工程，构筑生物多样性保护网络，加强国家重点保护和珍稀濒危野生动植物及其栖息地的保护修复，加强外来物种管控。完善生态保护和修复用地用海等政策。完善自然保护地、生态保护红线监管制度，开展生态系统保护成效监测评估。

（3）健全生态保护补偿机制。加大重点生态功能区、重要水系源头地区、自然保护地转移支付力度，鼓励受益地区和保护地区、流域上下游通过资金补偿、产业扶持等多种形式开展横向生态补偿。完善市场化、多元化生态补偿，鼓励各类社会资本参与生态保护修复。完善森林、草原和湿地生态补偿制度。推动长江、黄河等重要流域建立全流域生态补偿机制。建立生态产品价值实现机制，在长江流域和三江源国家公园等开展试点。制定实施生态保护补偿条例。

1.3.2　持续改善环境质量

深入打好污染防治攻坚战，建立健全环境治理体系，推进精准、科学、依法、系统治污，协同推进减污降碳，不断改善空气、水环境质量，有效管控土壤污染风险。

(1) 深入开展污染防治行动。坚持源头防治、综合施策，强化多污染物协同控制和区域协同治理。加强城市大气质量达标管理，推进细颗粒物（PM2.5）和臭氧（O_3）协同控制，地级及以上城市 PM2.5 浓度下降 10%，有效遏制 O_3 浓度增长趋势，基本消除重污染天气。持续改善京津冀及周边地区、汾渭平原、长三角地区空气质量，因地制宜推动北方地区清洁取暖、工业窑炉治理、非电行业超低排放改造，加快挥发性有机物排放综合整治，氮氧化物和挥发性有机物排放总量分别下降 10% 以上。完善水污染防治流域协同机制，加强重点流域、重点湖泊、城市水体和近岸海域综合治理，推进美丽河湖保护与建设，化学需氧量和氨氮排放总量分别下降 8%，基本消除劣 V 类国控断面和城市黑臭水体。开展城市饮用水水源地规范化建设，推进重点流域重污染企业搬迁改造。推进受污染耕地和建设用地管控修复，实施水土环境风险协同防控。加强塑料污染全链条防治。加强环境噪声污染治理。重视新污染物治理。

(2) 全面提升环境基础设施水平。构建集污水、垃圾、固废、危废、医废处理处置设施和监测监管能力于一体的环境基础设施体系，形成由城市向建制镇和乡村延伸覆盖的环境基础设施网络。推进城镇污水管网全覆盖，开展污水处理差别化精准提标，推广污泥集中焚烧无害化处理，城市污泥无害化处置率达到 90%，地级及以上缺水城市污水资源化利用率超过 25%。建设分类投放、分类收集、分类运输、分类处理的生活垃圾处理系统。以主要产业基地为重点布局危险废弃物集中利用处置设施。加快建设地级及以上城市医疗废弃物集中处理设施，健全县域医疗废弃物收集转运处置体系。

(3) 严密防控环境风险。建立健全重点风险源评估预警和应急处置机制。全面整治固体废物非法堆存，提升危险废弃物监管和风险防范能力。强化重点区域、重点行业重金属污染监控预警。健全有毒有害化学物质环境风险管理体制，完成重点地区危险化学品生产企业搬迁改造。严格核与辐射安全监管，推进放射性污染防治。建立生态环境突发事件后评估机制和公众健康影响评估制度。在高风险领域推行环境污染强制责任保险。

(4) 积极应对气候变化。落实 2030 年应对气候变化国家自主贡献目标，制定 2030 年前碳排放达峰行动方案。完善能源消费总量和强度双控制度，重点控制化石能源消费。实施以碳强度控制为主、碳排放总量控制为辅的制度，支持有条件的地方和重点行业、重点企业率先达到碳排放峰值。推动能源清洁低碳安全高效利用，深入推进工业、建筑、交通等领域低碳转型。加大甲烷、氢氟碳化物、全氟化碳等其他温室气体控制力度。提升生态系统碳汇能力。锚定努力争取 2060 年前实现碳中和，采取更加有力的政策和措施。加强全球气候变暖对我国承受力脆弱地区影响的观测和评估，提升城乡建设、农业生产、基础设施适应气候变化能力。加强青藏高原综合科学考察研究。坚持公平、共同但有区别的责任及各自能力原则，建设性参与和引领应对气候变化国际合作，推动落实联合国气候变化框架公约及其巴黎协定，积极开展气候变化南南合作。

(5) 健全现代环境治理体系。建立地上地下、陆海统筹的生态环境治理制度。全面实行排污许可制，实现所有固定污染源排污许可证核发，推动工业污染源限期达标排放，推进排污权、用能权、用水权、碳排放权市场化交易。完善环境保护、节能减排约束性指标管理。完善河湖管理保护机制，强化河长制、湖长制。加强领导干部自然资源资产离任审计。完善中央生态环境保护督察制度。完善省以下生态环境机构监测监察执法垂直管理制度，推进生态环境保护综合执法改革，完善生态环境公益诉讼制度。加大环保信息公开力度，加强企业环境治理责任制度建设，完善公众监督和举报反馈机制，引导社会组织和公众共同参与环境治理。

1.3.3 加快发展方式绿色转型

坚持生态优先、绿色发展，推进资源总量管理、科学配置、全面节约、循环利用，协同推进经济高质量发展和生态环境高水平保护。

（1）全面提高资源利用效率。坚持节能优先方针，深化工业、建筑、交通等领域和公共机构节能，推动 5G、大数据中心等新兴领域能效提升，强化重点用能单位节能管理，实施能量系统优化、节能技术改造等重点工程，加快能耗限额、产品设备能效强制性国家标准制修订。实施国家节水行动，建立水资源刚性约束制度，强化农业节水增效、工业节水减排和城镇节水降损，鼓励再生水利用，单位 GDP 用水量下降 16％左右。加强土地节约集约利用，加大批而未供和闲置土地处置力度，盘活城镇低效用地，支持工矿废弃土地恢复利用，完善土地复合利用、立体开发支持政策，新增建设用地规模控制在 2950 万亩❶以内，推动单位 GDP 建设用地使用面积稳步下降。提高矿产资源开发保护水平，发展绿色矿业，建设绿色矿山。

（2）构建资源循环利用体系。全面推行循环经济理念，构建多层次资源高效循环利用体系。深入推进园区循环化改造，补齐和延伸产业链，推进能源资源梯级利用、废物循环利用和污染物集中处置。加强大宗固体废弃物综合利用，规范发展再制造产业。加快发展种养有机结合的循环农业。加强废旧物品回收设施规划建设，完善城市废旧物品回收分拣体系。推行生产企业"逆向回收"等模式，建立健全线上线下融合、流向可控的资源回收体系。拓展生产者责任延伸制度覆盖范围。推进快递包装减量化、标准化、循环化。

（3）大力发展绿色经济。坚决遏制高耗能、高排放项目盲目发展，推动绿色转型实现积极发展。壮大节能环保、清洁生产、清洁能源、生态环境、基础设施绿色升级、绿色服务等产业，推广合同能源管理、合同节水管理、环境污染第三方治理等服务模式。推动煤炭等化石能源清洁高效利用，推进钢铁、石化、建材等行业绿色化改造，加快大宗货物和中长途货物运输"公转铁""公转水"。推动城市公交和物流配送车辆电动化。构建市场导向的绿色技术创新体系，实施绿色技术创新攻关行动，开展重点行业和重点产品资源效率对标提升行动。建立统一的绿色产品标准、认证、标识体系，完善节能家电、高效照明产品、节水器具推广机制。深入开展绿色生活创建行动。

（4）构建绿色发展政策体系。强化绿色发展的法律和政策保障。实施有利于节能环保和资源综合利用的税收政策。大力发展绿色金融。健全自然资源有偿使用制度，创新完善自然资源、污水垃圾处理、用水用能等领域价格形成机制。推进固定资产投资项目节能审查、节能监察、重点用能单位管理制度改革。完善能效、水效"领跑者"制度。强化高耗水行业用水定额管理。深化生态文明试验区建设。

---

❶ 1 亩≈666.67m²。

1.4 水生态文明的概念、总体思路、目标

1.4.1 水生态文明的概念

水是生命之源、生产之要、生态之基，水循环是地表最活跃的循环过程，参与所有形式的生态和生命过程，同时也是自然物质迁移转化的重要载体。水生态文明不仅是生态文明的基本组成，也是其他生态文明内容的必要基础，因此水生态文明建设应当成为生态文明建设的先导和核心。

1.4.2 水生态文明建设的总体思路

水生态文明是我国当今日益趋紧的资源环境的必然要求，是经济社会健康发展的重要保障，是思想观念进步和人类生存发展的必然选择。建设好水生态文明任务重大，需要我们确立与之相适应的思想观念，以水资源节约为重点，保护和修复水生态系统，完善制度建设。

1. 从思想观念上树立水生态文明意识

转变观念要求我们一方面要认识到洪旱灾害不可避免。虽然自然界水循环生生不息，但是可利用水资源的再生能力有限，水生态一旦被破坏将难以完全恢复到破坏前的状态，人类的科学技术是有限的；另一方面要认识到解决问题的根本方法是树立"人与自然和谐相处"和"生态环境保护优先"的水生态文明理念。我们应当按照水循环、水生态环境的自然运行发展规律办事，按照区域水资源承载能力的要求谋求经济发展，中心思想就是降低人类对水生态系统的胁迫作用和负面影响，逐步改变重建设轻保护的传统观念，树立生态文明的意识，逐步恢复水生态系统的健康。

2. 以水资源节约为重点建设水生态文明

水资源节约是解决水资源短缺的根本举措，只有水资源量得到保证才能顺利开展水生态文明的相关建设工作。当前我国水资源面临的形势十分严峻，水资源数量的约束成为制约经济社会发展的主要瓶颈。一个地区多年平均的水资源量是一定的，为保持经济持续增长、人民生活水平稳步提高，必须走水资源节约之路。全球气候变化等因素使得水资源量的变化具有更大的不确定性。

实现水资源节约，应当加强水源地保护和用水总量管理，推进水循环利用，建设节水型社会。应当提高全社会的用水效率，农业上发展适宜当地实际情况的节水灌溉技术；工业上鼓励节水产业、循环用水产业的发展；继续宣传和鼓励人民群众节约用水，使用节水设备；继续完善节水型社会建设，落实最严格水资源管理制度。

3. 保护和修复水生态系统

水生态是水生态文明的核心字眼，是水生态文明建设的关键所在。健康的水生态系统能在自然环境演替中正常发挥物质循环和能量输送等各项功能，也是创造人类适宜的生存环境的基础，深刻影响着人类社会的存在和发展。从水生态系统的基本结构、功能出发，恢复、保持水生态系统合理的结构状态和自然生态环境功能，充分发挥生态系统的自我修

复能力。生态文明的产生和发展必将以水的保护为引擎，只有保持水生态系统合理的结构状态和自然生态环境功能，才能保证水资源的可持续利用和人类的可持续发展，为社会持续创造经济效益。

实施水生态系统的保护与修复，应当按照自然的水循环规律和条件，科学地确定河流、湖泊和地下水生态系统用水总量和过程，保障生态系统基本用水；对于已经受到损害的湿地生态系统，在遵循自我修复规律的基础上，应积极实行人工修复，维持和恢复河湖水系连通性，保持和改善水体理化条件，重建河流生态廊道的连续性及多样性，切忌河流湖泊化；在水质保障与治理方面，加强工业、城镇生活等点污染源和农业面污染源治理，及船舶流动污染源和底泥内污染源治理，使污染物排放满足水功能区纳污能力的要求，实施截污导流、生态疏浚、水生态系统重建等工程建设，逐步实现水功能区水质的全面达标；做好物种和生物资源保护，建设濒危物种基因库、细胞库等，保存其种质资源；做好水生态系统的评价、规划和监督工作，确定各级各类水域保护修复的目标及任务。

4. 加强水生态文明的制度建设

只有实行最严格的制度、最严密的法治，才能为生态文明建设提供可靠保障。管理制度方面，以贯彻落实最严格水资源管理制度和考核办法为核心。

2012 年，《国务院关于实行最严格水资源管理制度的意见》确立了水资源开发利用的"三条红线"和"四项制度"，从节水、取用水、排水、水质、水量等多个环节和制度建设方面制定了到 2030 年的总体或阶段性目标。

2013 年伊始，国务院发布了《国务院办公厅关于印发实行最严格水资源管理制度考核办法的通知》（国办发〔2013〕2 号），考核内容为最严格水资源管理制度目标完成、制度建设和措施落实情况，并详细规定了各省（自治区、直辖市）用水总量、用水效率和重要江河湖泊水功能区水质达标率的控制目标。最严格水资源管理制度及其考核办法为水生态文明建设提供了坚实的基础。把水资源消耗、水环境衰变和水生态效益损害纳入经济建设成果评价体系，把水生态文明建设成效纳入党政干部政绩考核评价体系。严格水资源环境管制，探索建立新上项目审批的一票否决制和区域、流域限批制度。

2013 年水利部印发了《关于加快推进水生态文明建设工作的意见》（水资源〔2013〕1 号），明确了水生态文明建设的指导思想、基本原则和目标，提出了落实最严格水资源管理制度、优化水资源配置、强化节约用水管理、严格水资源保护、推进水生态系统保护与修复、加强水利建设中的生态保护、提高保障和支撑能力、广泛开展宣传教育等工作内容。

水生态文明建设包含了前期水资源领域的一系列重点工作，又超出各项工作的叠加，其建设模式应在原有基础上升华创新。

1.4.3 水生态文明建设的目标

水生态文明建设是一个长期的动态过程。研究水生态文明建设要以我国水资源短缺、水生态退化和水环境恶化的基本国情、水情为依据，以科学的眼光发现问题，再以问题为导向制定水生态文明建设的目标和方向。水生态文明建设的动态性决定了建设目标的时段性。以当前状况下经济社会的发展水平为基础，研究现阶段我国水生态文明建设存在的主要问题，提出推进水生态文明建设的近期目标。

水利部关于水生态文明建设的五大目标为：一是最严格水资源管理制度有效落实，"三条红线"和"四项制度"全面建立；二是节水型社会基本建成，用水总量得到有效控制，用水效率和效益显著提高；三是科学合理的水资源配置格局基本形成，防洪保安能力、供水保障能力、水资源承载能力显著增强；四是水资源保护与河湖健康保障体系基本建成，水功能区水质明显改善，城镇供水水源地水质全面达标，生态脆弱河流和地区水生态得到有效修复；五是水资源管理与保护体制基本理顺，水生态文明理念深入人心。

第2章 水安全理论

水是基础性的自然资源、战略性的经济资源，也是生态与环境的控制性要素。水安全是指保障人类生存、生产以及相关的生态和环境用水安全的统称，是涉及国家长治久安的大事，对国家粮食安全、能源安全、生态安全等具有基础支持作用。党的十八大以来，党中央、国务院高度重视水安全工作，习近平总书记明确提出"节水优先、空间均衡、系统治理、两手发力"的治水思路，把水安全上升为国家战略，作出一系列重大决策部署，为系统解决我国新老水问题、保障国家水安全提供了根本遵循和行动指南。2022年1月11日，国家发展改革委、水利部印发《"十四五"水安全保障规划》（简称《规划》），把水安全上升为国家战略。

从水的主要功能方面系统地理解水安全的科学内涵，主要包括以下方面：着眼于水的资源功能，强调水资源安全；着眼于水的环境功能，强调水环境安全；着眼于水的生态功能，强调水生态安全；着眼于水功能的实现，强调水工程安全；着眼于民生保障，强调供水安全；着眼于水的国际关系，强调国际水关系的安全。

2.1 水资源安全

水资源安全

2.1.1 水资源安全的概念

全球可利用的水资源有限，随着人口的增长、需水量的增加、人类活动的加剧、尤其是污染物排放量的增加等，全球水资源面临的压力将有增无减。作为国家生存与发展的基本保障条件，水资源安全的问题已成为世人关注的焦点。如何在满足可持续发展的条件下，保证水资源的安全，是目前面临的一个十分严峻又富有挑战性的问题，也是国际国内水资源领域一个十分重要的方向性问题。

安全不是一个孤立的概念，安全一定依附一个实体，或说依附于一个主体，是指主体的安全。可以认为，安全是一种状态或一种属性，必须要依附于一定的主体才能存在。当安全依附于人时，是人的安全；当安全依附于国家时，是国家的安全。因此，当人们谈论安全时，一定是谈论某个主体的安全，而不是空谈安全。

水资源安全其实就是人的安全，水资源安全依附的是人，人是主体，也只有人才是主体。这是人类现代文明的核心观念，是现代社会发展的理念基石。所谓人的主体地位，是指人在与自然界关系中的一种位置，即在该关系中，人是主体，自然界是客体。人与自然界之间的关系是相当复杂的，有不同的角度和不同的层次，"主—客"关系是人与自然关系的基本方面，但不能涵盖人与自然界关系的全部。因此，人与自然的"主—客"关系的确立也是有范围的，其作用也是有限度的。

在人与自然的关系中，人的主体地位的内涵主要表现如下：

（1）人依据自身生存和发展的需要积极地利用自然、改造自然，实现主体客体化。

（2）人通过实践活动将外在于人的自然"内在化"，以充实、完善和发展人自身，实现客体主体化。

（3）人的主体地位的实质在于人是目的。就人与自然关系的本质而言，人具有目的价值，自然界具有手段价值。

所以，水资源安全的主体是人，它描述的是水资源系统中人的安全性。安全是人与水资源之间一种最重要、最基本、最不可缺少的关系。一旦没有了安全这种关系，人就可能失去其生存与发展的最基本需要和最基本条件。

2.1.2　水资源安全问题

水资源安全问题首先是水资源量的问题。目前我国 53% 的国土面积处于水资源超载或临界超载区域，近 70% 的城市群、90% 以上的能源基地、65% 的粮食主产区缺水问题突出，遇特殊干旱缺乏有效应对措施，改善空间均衡状况的跨流域跨区域水资源调配能力依然不足，缺乏应对气候变化的战略水源储备。北方地区年均挤占河道生态水量 120 亿～150 亿 m^3，21 世纪以来 112 条河流出现不同程度的断流现象；南方部分地区围垦侵占河湖生态空间、阻隔河湖自然连通，导致湖泊萎缩，河湖水动力条件不足；全国地下水超采区面积约 29 万 km^2，年均超采量约 160 亿 m^3，累积亏缺约 2400 亿 m^3。

根据《2023 年联合国世界水发展报告》，2020 年全球有约 26% 的人（20 亿人）无法得到安全管理的饮用水服务；每年有 500 多万人，其中包括 200 万名儿童死于与水有关的疾病；据预测，在 2025 年之前，伴随流域水资源危机而出现的"环境难民"将多达 1 亿人。

2.1.3　水资源安全的目标

水资源安全的目标就是保证人类的生存与发展不因水资源的问题而受到威胁。"人"作为水自然系统的干扰者要保障国家资源安全，必须树立以下观念：

（1）开放的资源观。为弥补国内资源的不足，保证资源供给的稳定，必须树立全球资源为我所用的观念，积极开展国际交流与合作。充分利用国内国际两个市场，国内资源和国外资源两种资源。

（2）动态的资源观。对水资源除了掌握其本身的动态性以外，还要掌握资源的需求与供给的变化、资源的利用方式的变化、科技的不断进步、制度的不断创新以及价值取向的发展，所有这些决定了资源安全是一个动态的概念。因此，资源安全的研究和决策要具有前瞻性。

（3）可持续发展的资源观。水资源安全问题的研究和解决，主要立足于可持续发展理念。对水资源的开发利用，不仅要考虑当代人的利益，而且要顾及子孙后代的利益。在满足经济发展的同时，还要加强对水资源的保护。我国正处在经济快速发展、社会迅速转型时期，也是实现经济增长方式和社会价值取向根本转变的时期。为此，要加速经济增长由粗放向集约的转变、由资源过度消耗向资源可持续利用的转变，建立资源节约型国民经济体系和资源节约型社会，这是保障国家资源安全的根本出路所在。

（4）系统的资源观。不仅资源之间、资源与环境之间存在很强的关联性，而且水资源安全问题涉及方方面面，环境问题、生态问题、经济问题等都影响到其安全。从水资源安全内部看，其安全与否对其他资源安全状态也有着重要影响。必须树立系统的资源观，才能系统地、科学地处理好水资源的安全问题。水资源安全目标的实现需要有科学的保障体系，包括法律保障、制度与管理保障、科学技术保障、体制与机制保障、监测与预警应急保障、文化和伦理保障等。

2.2 水 环 境 安 全

水环境安全

2.2.1 水环境安全的概念

水是环境中最活跃的因子，水的量变和质变对环境的影响十分敏感。水环境安全作为生态环境安全中最重要的子项，是社会经济持续发展的保障。水环境是以水体这种环境要素为中心而组成的水生态系统，它不仅仅指水，而且指由构成水环境整体的各个独立的、性质不同的而又服从整体演化规律的各种水环境要素。水环境研究的出发点不仅仅是以人为核心，同时应兼顾其他生物的保护，是对整体生命系统的考虑。因此，水环境是指围绕人群和生物的空间，可直接或间接影响人类生活、社会发展和生物生存的以水体为媒介的环境，具备各种自然要素和社会要素的综合，是广义的水环境体系。

总之，水环境安全是指人类的生存和发展以及生物种群的生存和自然进化不受水环境问题的危害和威胁，而这种水环境问题往往是由不合理的人类活动造成的。具体说就是在一定的时空下，水体保持足够的水量，安全的水质条件可以维护其正常的生态系统和生态功能，保障水中生物的有效生存，周围环境处于良好状态，使水环境系统功能正常发挥，同时能较大限度地满足人类可持续发展的需要，使人类自身和人类群际关系处于不受威胁的状态。

2.2.2 水环境安全问题

2021 年 12 月 22 日，中国社会科学院生态文明研究所与社会科学文献出版社共同发布了《城市蓝皮书：中国城市发展报告 No.14》。蓝皮书指出，虽然我国的水生态环境治理取得了显著成效，但水生态环境保护面临的结构性、根源性、趋势性压力尚未根本缓解，与美丽中国建设目标要求仍有不小差距。七大流域水生态环境面临的主要问题存在差异性。长江流域水生生物多样性下降，沿江水环境风险高，大型湖库富营养化加剧；黄河流域高耗水发展方式与水资源短缺并存，生态环境脆弱；珠江流域城市水体防止返黑返臭压力大，中游重金属污染风险高；松花江流域城镇基础设施建设短板明显，农业种植、养殖污染量大面广；淮河流域水利设施多、水系连通性差，农业面源污染防治压力大；海河流域生态流量严重不足，水体污染重；辽河流域水环境质量改善成效不稳固，生态流量保障不足。其中水环境问题主要有以下三个方面。

1. 地表水环境质量改善存在不平衡性和不协调性

工业和城市生活污染治理成效仍需巩固深化,全国城镇生活污水集中收集率仅为60%左右,农村生活污水治理率不足30%;城乡环境基础设施欠账仍然较多,特别是老城区、城中村以及城郊接合部等区域,污水收集能力不足,管网质量不高,大量污水处理厂进水污染物浓度偏低,汛期污水直排环境现象普遍存在,城市雨水管网成了"下水道",各类污染物在雨水管网"零存整取"。城乡面源污染防治瓶颈亟待突破,受种植业、养殖业等农业面源污染影响,汛期特别是6—8月是全年水质相对较差的月份,长江流域、珠江流域、松花江流域和西南诸河氮磷上升为首要污染物。城市黑臭水体尚未实现长治久清,松花江、黄河和海河流域等仍存在不少劣Ⅴ类水体。

2. 水生态环境安全风险依然存在

大量化工企业临水而建,长江经济带30%的环境风险企业离饮用水水源地周边较近,存在饮水安全隐患;因安全生产、化学品运输等引发的突发环境事件频发。河湖滩涂底泥的重金属累积性风险不容忽视,长江和珠江上中游的重金属矿场采选、冶炼等产业集中地区存在安全隐患。环境激素抗生素、微塑料等新污染物管控能力不足。

3. 治理体系和治理能力现代化水平与发展需求不匹配

我国发展仍然处于重要战略机遇期,新型工业化深入推进,城镇化率仍将处于快速增长区间,粮食安全仍需全面保障,工业、生活、农业等领域污染物排放压力持续增加。生态文明改革还需进一步深化,地上地下、陆海统筹协同增效的水生态环境治理体系亟待完善。水生态保护修复刚刚起步,监测预警等能力有待加强。水生态环境保护相关法律法规、标准规范仍需进一步完善,流域水生态环境管控体系需进一步健全。经济政策、科技支撑、宣传教育、能力建设等还需进一步加强。

2.2.3 水环境安全评价

在区域生态安全评价研究中,指标体系的建立、指标的规格化、评价标准的设计与量化是研究的重点和难点。

1. 指标体系

用指标体系来描述流域水质和生态安全状况的目的,在于寻求一组具有典型代表意义,同时又能全面反映区域水环境安全各方面要求的特征指标及其组合,从而表达出人们对该综合目标的定量判断。这一基本目的规定了我们进行指标体系研究,就是要通过分析被描述对象的系统结构及其要素,建立区域水环境安全目标与系统组成要素间的对应关系,然后根据有关理论和原则的要求去选择和设置定量指标,同时分析它们与总体目标的相关程度,最终建立区域水环境安全系统指标体系。

2. 评价标准

生态与环境系统安全诊断的关键点之一是合理地确定评价标准和安全等级标准。目前而言,生态安全评价的标准和评价结果分级的科学判定并没有很好的方法。对于某些指标,可以依据相关科学研究成果确定其安全级别的阈值,但是还有很多指标需要深入研究。

评价标准建立在人类对生态与环境的认识水平及人类科技发展水平之上。水环境安全评价主要根据以下判断原则：

（1）时变性。任何标准和指标都有一定的时效性和变化趋势，即任何标准和指标都是在一定条件、一定目标下采用的。这就要求我们参照历史的、现实的数据估量其发展趋势，不能根据当前一时的静态值来衡量。

（2）严格性。标准要反映水环境处于安全状态时的结构特征和环境服务功能特性。标准的选择要严格，而且要更加侧重于安全性。

（3）地域特性。生态系统的地域性特征使得水环境系统安全评价不宜采取单一的标准和指标值，而应该根据地域特点科学地选取。例如：山区的植被覆盖率应高于平原区，才能有效地防止水土流失。

（4）可计量性。评价标准应该具有可计量性，即各指标的评价标准能够得到科学的量化。如果一些指标无法直接确定其理想值，但这些指标是重要的且对于评价结果有一定的影响时，就应该参考其他相近的研究成果尽量使之量化。

2.3　水 生 态 安 全

水生态系统是地球上最富有生物多样性的生态景观和人类最重要的生存环境之一。但长期的过量取水、严重的水污染以及其他一些原因（如修建水坝、围垦、过度捕捞）导致我国水生态安全问题凸显，江河断流、湖泊萎缩或富营养化、湿地减少、生态需水被挤占、水生物种多样性降低。根据水利部《规划》报告统计，近年来，我国持续开展长江上中游、黄河上中游、东北黑土区、西南石漠化等重点地区水土流失治理，新增水土流失综合治理面积 30 万 km^2，水土流失面积和强度“双下降”。强化水资源调度，实现黄河干流连续 21 年不断流。开展京津冀“六河五湖❶”综合治理与生态修复，永定河北京段时隔25 年实现全线通水，持续推进塔里木河、黑河、石羊河等生态脆弱河流保护修复。采取“一减一增”综合措施，系统推进华北地区地下水超采综合治理，部分地区地下水水位止跌回升。实施小水电增效扩容改造，推进小水电清理整改，修复减脱水河道超过 9 万km^2，水生态环境问题得到持续改善。《规划》提出，到 2035 年江河湖库水源涵养与保护能力明显提升，重点河湖基本生态流量达标率达到 90% 以上，人为水土流失得到基本控制，重点地区水土流失得到有效治理，全国水土保持率提高到 73% 以上。地下水监控管理体系基本建立，全国地下水超采状况得到缓解，京津冀和东北等重点地区地下水超采状况得到有效遏制。

2.3.1　水生态安全的概念

水生态安全的概念来自生态安全的概念，因此探讨前者的内涵首先应从后者的定义着手。综合研究者的表述可以发现，关于生态安全的定义主要有三种观点：第一种是侧重于从生态系统自身的安全理解生态安全，即强调生态系统的完整、健康和可持续性；第二种

---

❶ “六河五湖”指海河流域京津冀地区滦河、潮白河、北运河、永定河、大清河、南运河六条重点河流和白洋淀、衡水湖、七里海、南大港、北大港五大重点湖泊湿地。

是从生态系统对人的安全理解生态安全,强调生态系统能为人类提供完善的生态服务及不对人类生存发展构成威胁;第三种是前两种观点的综合,即指生态系统保持自身安全的同时,又能持续支持人类生存发展需要的状态。比较来看,第三种观点更具合理性。这是因为:如果仅关注生态系统自身安全,那么人类文明倒退到史前文明水平对生态系统而言是最安全的,而这是人类不可接受的;但如果只注重生态系统对人类需求的满足,将会导致生态系统的崩溃,从而人类社会也将不复存在。

生态系统理论告诉我们:人类利用生态系统提供生态服务的活动不可避免地会对生态系统的稳定和健康造成影响,但后者对外界的扰动具有一定的抵抗力和恢复力,也就是说具有一定的承载力。因此,只要人类活动对生态系统的影响或压力不超过生态系统的承载力,生态系统就是安全的;人类可以持续地获得生态系统提供的生态服务,因而人类在生态方面也是安全的。

据此将水生态安全定义为:在一定的技术条件下,水生态系统的承载力大于人类对它的压力的一种状态。水生态系统由生物和非生物构成,因此水生态安全的内涵主要包括水生物安全、水资源安全和水环境安全三个方面。根据水生态安全的定义,可以把水生物安全、水资源安全和水环境安全分别定义为水生态系统生物承载力、水资源承载力和水环境承载力高于人类施加于它们的压力的状态。水生物安全主要包括水生生物生存安全和人类可持续获取水产品的安全。水资源安全强调的是水量的安全,主要从水资源供需和可持续利用的角度来考察,是指水资源供给能够满足生产、生活、生态的用水需要。

2.3.2 水生态安全的理论基础

水生态安全强调人与水生态系统的和谐共生,其理论基础涉及生态哲学、生态伦理学、生态经济学、可持续发展理论、生态系统服务理论、生态承载力理论等多个学科。深刻把握这些学科领域的成果能为水生态安全内涵特征、评价、保障等方面的研究提供多种思路与启发。

1. 生态哲学

生态哲学是新的哲学范式。它以人与自然的关系为基本问题,是一种新的世界观。它源于生态问题的重要性,涉及人类生存的问题。其主要观点如下:

(1) 从本体论来看,它认为"人—社会—自然"复合生态系统才是世界的本原。虽然世界可以分为自然存在、社会存在、精神存在,但它们都是复合生态系统和生态过程的一部分,是它的一种表现形式。

(2) 它认为世界各种事物是相互联系、相互作用和相互依赖的,离开对事物关系的分析,就不能全面认识事物。

(3) 整体比部分更重要,所以应坚持整体论世界观。它认为事物的性质由整体的动力决定,整体决定部分,部分只是在整体中才获得它的意义。

(4) 按生态世界观,主体不是唯一的。在生态系统中,不仅人是主体,生物个体、种群和群落也是生态主体。

(5) 客体不是僵死的,物质主动性有不同的层次。世界上不存在无主动性的存在形式,只是物质演化的不同阶段有不同形式和不同程度的主动性,包括无机物的主动性、生物的主动性、人的主动性。

2. 生态伦理学

生态伦理学最重要、最根本的观点是自然的内在价值和外在价值的统一。自然的外在价值是指自然界对人和其他生命的有用性。自然的内在价值是指生命和自然界按照一定的自然规律自我维持、自我组织和不断地再生产，自为地进行自己的生命活动，以自己的形式表达自己。两者的统一性表现在每一种生命都从利用地球生态资源中生存和生长，同时它的生存和生长又为其他生命创造了生存条件。这种统一性在生态系统中表现为任何生命，无论是个体或物种，都离不开生态系统，否则就是死亡或瓦解。将这种观点引入水生态安全研究，可以得到这样的认识：水生态系统及其组分具有外在价值，因而人类可以利用它以服务于人自身；但它们也拥有内在价值，这要求我们尊重它们、善待它们。无论是为了人类的利益，还是水生态系统中各物种的利益，水生态系统的稳定、健康和完整都是必须维持的。这种认识为解决当今水生态安全问题提供了道德规范和社会认同。

3. 生态经济学

生态经济学是一门从最广泛的角度研究生态系统和经济系统之间关系的学科，重点在于探讨人类社会的经济行为与其所引起的资源和环境嬗变间的关系。它认为经济系统只是生态系统的子系统，因此经济系统的物质扩张会替换整个系统的其他部分，从而产生机会成本。当人类社会规模较小时，自然资源与环境不是稀缺资源，经济扩张的机会成本可以忽略不计，此时的增长是"经济"的增长。但地球生态系统是有限而非增长的，其中，经济系统持续的扩张最终会使得它进一步增长的成本高于其产生的价值，此时的增长就成为"不经济"的增长。因此，经济增长只有在不超过地球承载力的前提下才是有意义的。许多研究都表明，今天人类的经济活动对地球的影响力已超过它的承载范围，自然生态系统日益退化。基于此，生态经济学提出：当今人类应该实现从增长到发展的转变。这里的增长是指规模数量或吞吐量的增加。其中，吞吐量是指从全球生态系统进入经济系统，再以废弃物形式反馈回全球生态系统中的原材料流和能量流。而发展是在一定的吞吐量下物品和服务质量的提高，这里的质量定义为提高人类福利的能力。这种理论使我们认识到：

（1）人类从水生态系统中获得收益是有生态代价的，但只要这种代价不超过前者就是合理的，对人类和水生态系统都是安全的。

（2）由于水生态系统的有限性，以经济增长为最高目标利用水生态系统必然会导致水生态系统崩溃，因此水生态承载力是人类利用水生态系统服务的约束条件。

（3）由于以增长为目标，同时因为发达的现代科技和空前的人类社会规模，今天人类从水生态系统获得的经济增长的机会成本已非常显著，因此不应在人—水综合系统中继续增加物质流和能量流的流量，而应努力提高水生态系统服务供给的质量。

4. 可持续发展理论

现代工业文明发展模式既使得人类物质文明水平获得了前所未有的巨大提高，也导致了现代的生态危机。人类对之进行了深刻的反思，于是提出了可持续发展理论。它包括三个方面的内容：生态的可持续性、社会的可持续性与经济的可持续性。其主要原则如下：

（1）公平性。这又包括两方面，即代内公平和代际公平。前者是指一个地区的发展不能使其他地区的发展受到危害；后者是指当代人的发展不能损害后代人生存与发展的机会。

（2）持续性。也就是不能仅仅注重发展的状态和目标，而更应注重发展趋势的持久性，注重未来的发展能力和发展空间。

（3）协调性。只有经济、社会、环境协调发展，寻求三者效益的最大化，才能实现可持续发展。

可持续发展理论为水生态安全研究提供了以下思路：

（1）水生态安全是衡量生态可持续性的重要表征。水生态系统处于安全状态也就是水生态系统运转良好，也就意味着生态可持续。

（2）水生态系统为人类的生存与发展提供各种各样重要的，有时甚至是必不可少的产品和服务，因此水生态安全是人类社会可持续发展的重要基础和主要目标之一。

（3）对水生态系统的利用不能仅仅为满足我们当前的利益，更应满足长远发展的需要。有必要结合区域实际，预测将来一段时期水生态安全的演变趋势，并采取合理措施加以调控，以确保水生态系统的持续发展。

（4）影响水生态安全的因素包括自然、社会、经济等多方面，因此需要以可持续发展理论为指导，将水生态安全问题与区域发展问题有机结合起来，协调自然、社会、经济三个子系统的关系，实现水生态安全的稳定发展。

5. 生态系统服务理论

第二次世界大战后，人口的迅猛增加和科学技术的快速发展使得人类对自然生态系统的开发利用达到前所未有的程度。在此过程中，由于片面强调生态系统服务的市场价值或直接使用价值，忽略了它所具有的其他生态效用，因而自然生态系统对人类的整体效用被低估，生态系统受到的压力日益严重。为有效保护自然生态系统，研究者提出了生态系统服务概念。千年生态系统评估（Millennium Ecosystem Assessment，MA）将之定义为人类从生态系统获得的各种惠益。生态系统服务是生态安全的物质基础和正向测标，是人类赖以生存和发展的基础。

当生态系统服务出现异常时，表明生态系统自身结构与功能受损，其自身安全受到了威胁；另外也说明生态系统对人类所需的产品和服务的供给能力下降，人类安全的生态基础受到了威胁，因而自然—人类复合生态系统处于生态不安全状态。生态系统服务理论为水生态安全研究提供了以下思路与启发：

（1）生态系统服务视角是评价水生态安全的较好角度。生态系统健康评价主要基于生态系统的自身状况。而生态系统服务既以生态系统自身安全作为前提和基础，又以人类福祉作为指向，非常契合生态安全的目标，即人与自然持续、协调发展。

（2）目前提出的水生态系统服务种类有 20 余项，这为更全面分析研究水生态安全提供了良好的基础。

（3）生态系统服务的特征为我们理解和认识水生态安全的生态学机制、准确评价其状况、制定有效的保障对策提供了视角和途径。

6. 生态承载力理论

（1）生态承载力的概念。生态承载力一般指的是自然生态系统对经济社会系统的承载能力，主要包括以下方面：

1）生态弹性力，即生态系统的自我维持和调节能力。

2）资源承载力，即区域内资源的可持续供给能力。

3）环境承载力，即在不超出生态系统弹性限度条件下，环境子系统所能承纳的污染物数量。

4）人类支持能力，即人类通过文化社会因素（如科技进步、社会制度和贸易）可以大大提高生态系统对人类的承载力。

（2）生态承载力的特点。生态承载力的特点主要有以下几个方面：

1）在某种状态下，生态弹性力和资源环境的供容能力都是一定的，因此特定时期下的生态系统承载力是客观存在的。

2）生态承载力不是固定不变的。所有自然系统的生态平衡都是一种相对稳定的状态，如果人类活动的强度超过了系统的自我调节能力，系统就会建立新的平衡和新状态下的生态稳定性；如果人类通过一些手段（如科技创新）使生态系统发展到更高一级的状态，此时系统的生态承载力便会提高。

3）生态承载力具有空间差异性。不同区域的生态因子在空间分布上有很大差异，人类社会经济活动的发展水平、规模方向及生态保护标准也有明显的地域差异，因此不同区域的生态承载力是不同的。

（3）生态承载力为水生态安全研究提供的思路。生态承载力理论为水生态安全研究提供了以下思路：

1）生态承载力的本质是自然生态系统对人类经济社会活动的承载能力，这种施压—承压思路为更全面深刻理解水生态安全提供了一种很好的视角。

2）使我们可以从水资源承载力、水环境承载力、水生物承载力等方面更细致地分析水生态系统对人类的支持能力。

3）人类文化社会因素是影响水生态安全的非常重要的因素，也是改善或提高水生态安全程度的关键因素。

4）水生态安全亦具有动态性和区域性。

2.3.3　水生态系统修复的目的和基本原则

1. 水生态系统修复的目的

水和水生态系统是经济社会高速发展的重要基础支撑和保障，一个持续发展的社会，不仅表现在经济发展的可持续性，也应包括水资源、水生态环境的可持续性。经济社会发展的必然结果，是人水关系由片面追求对河湖资源功能的工具化开发利用向尊重自然、尊重其价值、体现人水和谐的本体价值的转变。

水生态系统修复是对前期不合理开发和利用的补偿，也是持续利用河湖、促进水生态系统稳定和良性发展的保障。水生态系统修复的根本目的是通过一系列工程与非工程措施（如生态保护立法、执法、流域综合管理等），改善水生态系统的水质和水文情势、修复河湖地貌景观、维持与修复生物群落多样性，从而改善河湖生态系统的结构、功能和过程，使之趋于自然化。

水生态系统修复具体表现在：强化河湖水网的总体构建，改善河湖综合条件，提高防洪保障和抵御洪涝风险的能力；建设生态河湖，恢复利用河湖自净能力，隔断污染对水体的侵害；保护和恢复河湖的自然多样性特征，恢复和重建其水生态系统；尽可能保持河湖自然特性，营建优美水边环境，提供丰富自然的亲水空间，构建现代水系统和风景旅游生态城市；对河湖的开发治理考虑其生态的可持续性和区域经济的可持续发展。

2. 水生态系统修复的基本原则

水生态系统修复应该坚持绿色发展与科学发展，贯彻新时期水利工作方针，通过水资源的合理配置和水生态系统的有效保护，维护河流、湖泊等水生态系统的健康，实现对水功能区的保护目标和水生态系统的良性循环，支撑经济社会的可持续发展。

（1）遵循自然规律原则。要立足于保护生态系统的动态平衡和良性循环，坚持人与自然和谐相处；要针对造成水生态系统退化和破坏的关键因子，提出顺应自然规律的保护与修复措施，充分发挥自然生态系统的自我修复能力。

（2）满足社会经济现实需要的原则。从经济社会发展的实际出发，确定合理适度、现实可行的水生态保护和修复目标。

（3）保持水生态系统的完整性和多样性原则。不仅要保护水生态系统的水量和水质，还要重视对水土资源的合理开发利用、工程与生物措施的综合运用。水生态系统具有独特性和多样性，保护措施应具有针对性，不能完全照搬其他地方的成功经验。管理工作要与水功能区要求充分结合。

（4）长期性原则。水生态系统的保护和修复工作要坚持不懈，将水生态系统保护的理念贯穿到水资源规划、设计、施工、运行、管理等各个环节，成为日常工作的有机组成部分。

2.4 水 工 程 安 全

据水利部《规划》报告统计，目前我国共建成 5 级及以上堤防约 33 万 km，建成各类水库 9.8 万多座，其中大中型水库防洪库容 1681 亿 m^3，开辟国家蓄滞洪区 98 处，容积 1067 亿 m^3，大江大河基本形成以堤防、控制性枢纽、蓄滞洪区为骨干的防洪工程体系，基本具备防御中华人民共和国成立以来最大洪水的能力。全国主要江河集中连片防洪保护区面积约 80 万 km^2，保护人口 8.6 亿人，耕地 6.4 亿亩，沿河重要城市防洪标准达到 100～200 年一遇。有力保障了人民群众生命财产安全和经济社会的稳定运行。

2.4.1 水工程安全问题分类

1. 水库工程

2021 年 4 月，水利部在"加强水库除险加固和运行管护国务院政策例行吹风会"上通报，我国现有水库 9.8 万多座，其中大中型水库 4700 多座、小型水库 9.4 万座，80％以上修建于 20 世纪 50—70 年代。近年来，国家发展改革委、财政部安排中央资金 1553 亿元，对 2800 多座大中型水库和 6.9 万座小型水库进行了除险加固，工程安全状况不断改善。但是，由于各种原因，我国水库安全运行的风险依然比较突出。一是尚有 3.1 万多座水库没有在规定期限开展安全鉴定。二是部分水库受超标准洪水、强烈地震等自然灾害影响，导致工程不同程度损毁。三是受财力所限，已经开展的部分水库除险加固标准较低。四是部分水库管护力量薄弱，日常维修养护不到位，积病成险。

2. 堤防工程

堤防的作用主要是限制洪水泛滥，保护居民安全和工农业生产；约束水流，提高河道的泄洪排沙能力，防止风暴潮的侵袭。目前一些堤防普遍存在的问题有：

(1) 防洪标准低。大部分河流堤防标准只有 10 年一遇至 20 年一遇，堤身断面单薄，堤顶宽度和高度不够。一些中小河流处于不设防状态。

(2) 基础条件差、渗漏严重。长江中下游超 3 万 km 的堤防都修筑在第四系冲积平原上，干堤堤基多为二元（或多元）结构，堤基上部为弱透水黏土或壤土覆盖层，一般只有 1~3m 厚，最厚的也只有 3~10m，其下部为强透水的砂卵石层，厚度可达百余米。嫩江、松花江流域堤基大部分是砂壤土和粉细砂，渗透系数大。由于一些堤防的基础大部分未进行过处理，在高水位洪水下，极易形成管涌，发生渗透稳定破坏。

(3) 堤身质量差、隐患多。一些加高培厚形成的堤防，堤身压实标准和密实程度难以满足要求。另外，由于管理等方面原因，堤内被白蚁、鼠、獾、蛇等动物破坏，形成空洞，造成堤身产生裂缝、塌陷、散浸等险情。

(4) 险工险段多、崩岸风险大。一些堤防的堤身质量不均匀，筑堤土质差，很多由沙质土筑成，抗冲能力差，形成险工险段。由于历年不能彻底处理，每到汛期险象环生。另外，由于河势经常发生变化，不断冲刷堤脚，加之堤防抗冲性能差，容易造成崩岸险情。

(5) 违章建筑、堤后取土坑塘多。许多堤防堤坡房屋密集，堤后水塘密布，一旦出现险情很难被发现，从而贻误了抢险时机。

3. 水闸工程

据统计，全国共有大型病险水闸 260 座，约占大型水闸总数的 54%；中型水闸 1522 座，约占中型水闸总数的 46%。

4. 灌溉工程

我国现有的灌溉工程设施由于受资金、技术等条件的限制，普遍存在工程建设标准低、配套差、老化失修等问题，许多工程设施已达到或超过设计使用年限。据调查统计，全国 402 处大型灌区，完成投资不足设计投资的 50%，建筑物配套率不足 70%，骨干工程损坏率达 40%，渠首建筑物严重老化损坏的占 70%；100 处灌区的末级渠道衬砌率只有 5%，建筑物配套率仅为 30%，基本没有量水设施；500 座大型泵站中，有 350 座严重老化，设备严重损坏，老化损坏率占 70%。

2.4.2　水工程安全问题的成因分析

我国水工程，尤其是小型水工程绝大部分兴建于 20 世纪 50—70 年代，受当时社会、经济、技术条件等因素的制约，工程存在着病险隐患，特别是随着使用年限的增加，呈现出病险多、病险重、治理难的趋势。具体成因分析如下。

1. 先天不足——工程标准偏低

主要是三个方面的原因：

(1) 随着水文系列资料的延长，特别是受实测大洪水系列资料的影响，重新核定水工程抗御洪水标准后，低于国家标准。比如，"75·8"大水后，要求很多水库进行保坝洪水计算复核，并将 PMF（可能最大洪水）作为校核洪水，实际上，很多水库难以满足这样的要求。

（2）随着科技进步和经济社会的发展，水工程建设规程和规范的要求在不断强化和提高（如工程建设强制性条文的制定），原有已建成的水工程需要遵循新的标准，按照这样的要求就有许多水库需要加高或增建泄洪设施；也有一些水库因国家地震烈度区的重新划定而不能满足新的抗震要求，需要进行动载响应的分析评价。

（3）我国 75％ 的大型水库、67％ 的中型水库、90％ 的小型水库建成于 1957—1977 年，这些水库"三边"（边勘测，边设计，边施工）工程多，设计质量差，过分强调"多快好省"从而简化设计或大量使用替代材料；搞群众运动、人海战术筑坝，技术人员不能充分发挥作用，施工质量难以保证。

2. 后天失调——老化失修严重

（1）我国的大部分水工程已运行了几十年，工程本身进入老化期，结构物、设施、设备等老化失修严重，急需更新改造。但绝大多数水工程以防洪和农业灌溉为主，缺乏更新改造经费，有些甚至没有岁修经费，工程得不到及时维修养护和更新改造。

（2）以往水利系统重建设、轻管理的现象比较普遍，管理设施建设得不到重视，大部分中小水工程没有观测设施，水工程的病险状况不能及时掌握和处理，最终可能形成重大隐患。

2.5 供 水 安 全

2.5.1 供水安全概述

1. 供水安全的表现形式

供水安全在人类发展历史的各个阶段中内涵不断丰富。在采集狩猎社会，人靠天吃饭，这一时期，人类只要傍湖栖居或集蓄雨水等便可满足对水的全部要求，所以水源安全，供水就安全。进入农业社会，随着生产方式由采集、狩猎过渡到以农耕为主，人类一半靠天吃饭，一半靠自身力量吃饭，人力和畜力成为第一生产力。这一时期，人类获得稳定、丰富粮食供应的期望转化为保障粮食生产用水的实践，灌溉渠系、堤堰塘坝等农业水利工程作为"物化"的人力畜力，成为较大规模耕作的重要前提条件，所以水源和农业用水安全，供水即安全。进入工业信息社会以来，人类对供水安全提出了更高的要求，供水不仅要满足生活需求、粮食需求，还要满足工业的需求以及人工生态环境的需求。作为应对措施，人类修建了大规模供水工程，净水、制水和废污水处理技术快速发展，输配水管网延伸到各个用户，同时为适应水资源格局开始调整用水方式。这一时期，供水安全表现为水源、供水工程、用水主体复合系统的安全。

人类能动性与经济社会脆弱性这一对矛盾的运动、变化和发展是供水安全演进的动力。人类对供水始终存在极强的依赖关系，即使是在科技高度发达的今天，也不会改变这一基本事实。作为人类与生俱来的本质特征，对水的依赖带来了有利和不利两方面因素。

不利即经济社会的脆弱性，由于寿命明显延长、人口急剧增多，以及人类经济社会提供的产品和服务更加丰富和高级，对供水要求越来越高，供水破坏等事故的边际成本骤增，相对过去更显脆弱。有利即人类经济社会的能动性，生产力水平的提高使人类有能力通过开拓水源、修筑供水工程设施、压缩经济社会不合理用水来满足更苛刻的供水需求。人类经济社会能动性与脆弱性这一对矛盾的运动、变化和发展是供水安全演进的内在动力，供水不断趋向安全实际上就是能动性不断弥补脆弱性的结果。

2. 供水安全的基本要求

"供水"是水利行业术语，指为满足经济社会合理用水需求所采取的一系列工程、技术、经济、法律等手段。"安全"一词在《现代汉语词典》（第 7 版）中的解释是：没有危险；平安。从汉语语法角度分析，"供水安全"是一个主谓短语，"供水"作为一个名词，充当主语，代表被陈述的部分，"安全"作为形容词，充当谓语，回答主语"怎么样"。由于安全与否最终取决于供水对象的评判，所以"供水安全"可认为是供水形势与供水问题等客观存在的主观反映，是一种"感知、认识、状态、问题"的混合现象。根据对国内相关研究的总结与思考，以用水主体需求为终极目标，提出供水安全应包括的四方面基本要求，即充足的水量、达标的水质、稳定的供应和可承受的价格。所谓"充足的水量"，指供水在数量上能满足特定范围用户的合理需求；所谓"达标的水质"，指供水在物理性质、化学性质及生物性质等方面达到既定标准；所谓"稳定的供应"，指供水在量质上不随时间发生较大波动，其微小变化在供水对象承受范围内；所谓"可承受的价格"，指供水价格符合用水主体的支付意愿。

3. 供水安全的定义

供水安全是指当前与未来国民经济与社会发展的合理用水需求，在水量、水质、稳定性、价格等四方面的满足程度，以及规避和消除威胁和风险的能力。而为了满足合理用水需求，无论是传统意义上的水厂、管网等供水工程，还是水源工程、水资源配置工程，或作用于用水主体的各类管理措施等，都应在保障供水安全考虑的范畴之列。

2.5.2 供水安全的影响因素

1. 供水系统的基本结构

供水安全之所以面临威胁，是由于供水系统内部各要素的影响。传统概念中，供水系统仅指水厂、管网等供水工程。随着供水安全问题的日益突出，对供水系统的认识也逐渐向水源和供水对象两端拓展，形成包括水源、供水工程、用水户的更大系统。

水源系统包括可供利用的当地地表水、地下水、跨区域调水及非常规水；人工供水工程系统包括取水、输水、净水和配水等水利工程，以及应急供水设施；用水系统包括城市生活用水，农村生活用水，第二、第三产业用水，农业用水，人工生态补水等五类用户及其用水子系统。

2. 基于供水系统结构的影响因子分析

基于上述供水系统的结构，供水安全的影响因子也可分为三大部分，即水源影响因子、供水工程影响因子和用户影响因子。其中水源影响因子包括两大类：第一类是水资源的自然禀赋，包括水资源量的多寡、时空分布状况、过境可利用水资源量、水土资源匹配程度、极端水文事件发生的频率和影响程度等；第二类是人为影响因子，包括水资源开发利用能力、水体污染程度、人为突发事件发生的风险和影响程度等。供水工程影响因子包括工程格局、工程能力、工程系统协调度、工程质量状况及工程运行管理水平等。用户影响因子包括人口规模、城乡结构、经济规模、产业结构、灌溉规模、种植结构、用水方式和技术水平、节水工艺和设备，以及公众意识和技能，等等。

3. 供水安全问题的归因分析

供水安全是内外因共同作用的结果。这里所谓的内因和外因，是指水源、供水工程或用水主体与水资源的合理需求之间产生的矛盾。外因即水资源禀赋不安全；内因包括工程不安全、管理不安全、结构不安全、布局不安全、效率不安全、排放不安全等六个方面。

所谓"水资源禀赋不安全"，指由于水资源本底条件差、水源结构单一、过境水分配水量少、水资源时空分布不均等因素造成的不安全现象。所谓"工程不安全"，指由于蓄引提调工程、制净水工艺、输配水管网或二次供水设施等没有跟上或能力下降造成的不安全。所谓"管理不安全"，指由于管理主体在供水调度、管水工程及设施管护等人为因素造成的不安全。所谓"结构不安全"，指由于产业用水结构明显与所在地水资源条件不匹配造成的不安全。所谓"布局不安全"，指产业布局和城市发展等缺乏对毗邻水资源环境的统筹考虑，造成在一些水资源短缺和生态环境脆弱地区盲目建设高耗水、重污染项目或超大规模城市群带来的不安全。所谓"效率不安全"，指由于产业用水效率低下造成水资源浪费带来的不安全。所谓"排放不安全"，指主要污染物入河湖总量超出水功能区纳污能力带来的不安全。

内因是供水安全问题存在的基础，是供水安全运动、变化、发展的源泉和动力，它规定着供水安全的基本趋势。外因是供水安全问题存在和发展的外部条件，起加速或延缓供水安全的作用。供水安全问题是外因与内因共同作用的结果，但由于外因对供水安全的作用来得快、来得明显，人们往往只重视外因的作用而忽视了内因。实际上，内因与外因同等重要。在现阶段，内因已成为左右我国供水安全态势的主要矛盾，应更加重视针对内因制定保障供水安全的对策，同时也不应忽视极端气候、突发事件等新型外因带来的新风险。

2.6 案 例

2.6.1 案例1 ××省抚州市某矿业有限公司利用渗坑逃避监管排放水污染物案

1. 案情简介

2022年7月9日，××省抚州市南城生态环境局执法人员利用无人机开展非现场执法巡查时，发现南城县某矿业有限公司废气处理设施附近有两个连在一起的渗坑，渗坑内水体呈红色，随即执法人员前往现场开展检查。执法人员对该矿业公司脱硫除尘废水及渗坑内废水进行了采样检测及比对。经检测，该公司脱硫除尘废水化学需氧量、悬浮物、pH值超标，经进一步调查，企业承认渗坑内废水是该公司通过抽水泵将脱硫除尘废水从回用池抽排至渗坑中的。

2. 查处情况

该公司利用渗坑逃避监管的方式排放水污染物行为，违反了《中华人民共和国环境保护法》第四十二条第四款及《中华人民共和国水污染防治法》第三十九条之规定，经抚州市南城生态环境局立案调查，依据《中华人民共和国环境保护法》第六十三条第三款、《中华人民共和国水污染防治法》第八十三条第（三）款及《江西省环境保护行政处罚自由裁量权细化标准》规定，经集体审议，抚州市南城生态环境局决定对该公司利用渗坑逃避监管的方式排放水污染物的环境违法行为处以11万元罚款并将有关负责人移送公安机关。

3. 启示意义

执法人员利用无人机开展日常巡查，一方面对企业做到"无事不扰"，另一方面优化了执法方式，提高了执法效能，精准发现企业违法排污问题并迅速查处，杜绝企业侥幸心理，有效提升企业环保意识，形成了监管执法的强大震慑力。

2.6.2 案例2 ××省新余市邹某等人违法排放含重金属废水和违法储存电镀废液、污泥污染环境案

1. 案情简介

2022年3月30日，××省新余市渝水生态环境局和吉安市新干生态环境局执法人员对位于两县区交界处某电镀厂开展联合执法。经查，邹某等人租用新余市渝水区新溪乡珠坑村的场地建了一条电镀生产线，该电镀厂未办理相关审批手续，未配套建设污染防治设施，生产废水未经处理直接外排。经取样检测，外排废水中含锌浓度超标数倍，对周边水体和土壤环境造成污染。该厂生产过程中产生了电镀废液和污泥等危险废物（共计3.7t），随意堆放贮存。

2. 查处情况

依据《中华人民共和国环境保护法》第二十五条、《环境保护主管部门实施查封、扣押办法》第四条第六款的规定，新余市渝水区生态环境局进行了立案调查，对该电镀厂生产设施及产生的危险废物实施了查封。同时根据《中华人民共和国刑法》三百三十八条、《最高人民法院、最高人民检察院关于办理环境污染刑事案件适用法律若干问题的解释》第一条第四款的规定，新余市渝水区生态环境局于2022年4月26日将邹某等排放重金属污染物和违法贮存电镀废液的涉嫌污染环境犯罪行为移送新余市公安局渝水分局。5月24日，新余市公安局渝水分局依法对邹某等人予以取保候审，并对案件进行侦办处理。

3. 启示意义

相邻行政区域生态环境部门加强对偏远交界区域联合执法检查，有利于消除监管"盲区"，避免发生跨行政区域环境污染事件。同时，生态环境部门与公安机关利用"两法衔接"机制，密切协作，快速反应，形成打击环境污染违法犯罪行为的强大合力。

2.6.3 案件3 ××省宜春市某生态农场逃避监管排放水污染物案

1. 案情简介

2022年1月17日，××省宜春市袁州生态环境局执法人员在接到某村饮用水有异味

举报后，利用无人机对饮用水取水口周边进行排查，发现附近的某生态农场有偷排废水嫌疑。执法人员立即赴现场排查，发现该生态农场污水处理设施中的氧化池水质清澈，未开启曝气装置，污水处理池旁有偷排痕迹，且在污水处理池南面低洼处存在大量倾倒猪粪污水的现象，猪粪污水顺着地势流入山体溶洞内，执法人员对外排猪粪污水进行了采样送检。经检测分析，该生态农场外排猪粪污水与某村被污染水源存在因果关系，且猪粪污水中含锌、铜等有毒物质超过《农田灌溉水质标准》（GB 5084—2021）旱作灌溉标准，据此，生态环境部门开展了立案调查。

2. 查处情况

该生态农场逃避监管排放水污染物且涉嫌通过溶洞排放有毒物质的行为，违反了《中华人民共和国水污染防治法》第三十九条以及《最高人民法院、最高人民检察院关于办理环境污染刑事案件适用法律若干问题的解释》第一条第（五）款的规定。根据《中华人民共和国刑法》第三百三十八条和《环境保护行政执法与刑事司法衔接工作办法》的规定，宜春市袁州生态环境局将该案移送公安机关，目前该养殖场法人代表和现场生产管理人员已经被检察机关批准逮捕。

3. 启示意义

生态环境部门通过高科技手段排查污染源，发现污水偷排迹象后，深挖污染源头，斩断污染链条，将违法排污企业绳之以法，有效维护了群众的饮用水安全，同时，加强了和公安部门合作，严查重处环境污染犯罪，发挥了环境保护执法利剑作用。

2.6.4　案件4　××省抚州市某再生资源有限公司私设暗管逃避监管排放水污染物案

1. 案情简介

2020年11月5日，抖音平台、今日头条网和微信朋友圈转载××省抚州市宜黄县某小溪水体呈黑色的视频，造成了严重的不良影响。抚州市宜黄生态环境局立即派出执法人员赶赴现场进行调查，执法人员利用无人机查找到黑色水体来源于某再生资源有限公司，并固定其利用暗管排污的证据，执法人员赶赴该公司开展现场调查，在铁的事实面前，该企业负责人承认了偷排事实。

2. 查处情况

经过调查，该公司涉嫌以私设暗管逃避监管的方式排放水污染物的行为，违反了《中华人民共和国环境保护法》第四十二条第四款和《中华人民共和国水污染防治法》第三十九条的规定，抚州市宜黄生态环境局予以立案查处。同时根据《抚州市生态环境损害赔偿制度改革实施方案》启动生态环境损害赔偿，并依据《中华人民共和国环境保护法》第六十三条第三款与《行政主管部门移送适用行政拘留环境违法案件暂行办法》第五条的规定将该公司有关负责人移送公安机关处理。

2020年11月21日，抚州市宜黄生态环境局委托相关专家出具生态环境损害赔偿鉴定评估意见，12月9日与该公司通过磋商就生态环境损害赔偿达成一致意见，签订生态环境损害赔偿磋商协议，该公司根据专家提出的修复意见，投入23万元完成生态环境损害修复。

3. 启示意义

生态环境执法人员通过高科技手段，快速排查污染源，锁定排污企业，加强了和公安部门的合作，将违法排污企业移送公安机关严处，形成了对违法排污企业的重拳打击。同时启动生态环境赔偿，让违法排污企业付出应有代价。

2.6.5 案例 5 ××省宜春市某禽育种有限公司私设暗管排放水污染物案

1. 案情简介

2021 年 11 月 15 日，××省宜春市铜鼓生态环境局执法人员根据铜鼓县工业园污水处理厂污水入口在线监测数据 pH 值呈强碱性的异常情况线索，对园区上游相关企业进行溯源排查。现场发现某企业废水排口下游约 15m 处的井盖内，有一直径约 200mm 的 PVC 管和一直径约 80mm 的铁管出水异常。经调查，该企业在生产的情况下，水泵、气浮设备等污染防治设施未运行，强碱性废水和废水收集池内生产废水未经有效处理，通过两根暗管绕过在线监控设施，直接排入工业园污水管网，致使工业园污水处理厂进水异常。

2. 查处情况

该企业私设暗管排放水污染物的行为，违反了《中华人民共和国水污染防治法》第三十九条的规定，依据《中华人民共和国水污染防治法》第八十三条第（三）款及《江西省环境保护行政处罚自由裁量权细化标准》的规定，宜春市铜鼓生态环境局予以立案查处，并于 2022 年 1 月 25 日下达行政处罚决定书，责令该公司改正违法行为，对该企业罚款 15 万元整。2022 年 1 月 26 日，宜春市铜鼓生态环境局将该案件移送公安机关处理。2022 年 3 月 8 日，铜鼓县公安局下达行政处罚决定书，对该公司相关负责人依法予以行政拘留。

3. 启示意义

生态环境执法人员利用工业园污水处理厂在线监控系统，进行数据分析，发现异常现象，追踪污染源头，并查实水质异常原因，形成了完整的办案链条。该案充分运用了在线监控系统的预警能力，并利用"两法衔接"机制，形成严厉打击违法排污的强大震慑力。

2.6.6 案例 6 ××省萍乡市某定点屠宰场超标排放水污染物案

1. 案情简介

2021 年 12 月 16 日，××省萍乡市上栗生态环境局执法人员对上栗县某定点屠宰场进行执法检查，该屠宰厂于 2017 年 12 月建成一条年屠宰 2 万头生猪的生产线项目。检查时该屠宰厂在正常运营，执法人员发现该屠宰场废水池废水排口正在向外排放污水，经对该屠宰场废水池外排口进行采样监测，样品呈褐色、浑浊、恶臭，分析结果显示该废水中悬浮物超出标准限值 3.83 倍，总大肠菌群超出标准限值 14.8 倍。

2. 查处情况

该屠宰场污水超标排放的行为违反了《中华人民共和国水污染防治法》第十条的规定，依据《中华人民共和国水污染防治法》第八十三条第（二）款，萍乡市上栗生态环境局对该屠宰场进行了立案调查，并依法下达行政处罚决定书，责令该单位立即改正违法行为，处罚款 25 万元。

3. 启示意义

生态环境执法人员在对涉水排污单位的日常监管执法过程中，严密关注废水水质情况，发现异常迹象，及时采样监测，固定相关证据，对违法排污企业严惩重罚，发挥环保法律法规的重器利剑作用。

2.6.7　案例 7　××省吉安市某新材料公司稀释排放水污染物案

1. 案情简介

2022 年 7 月 12—13 日，××省吉安市新干生态环境局开展网上巡查发现，该辖区某新材料公司外排废水在线数据异常。据查阅在线数据，该公司外排废水氨氮、COD 浓度小时值存在超标，氨氮最高值达 94.4mg/L；COD 最高值达 667.5mg/L，而后几小时迅速降低至氨氮 7.6mg/L，COD 75.7mg/L 的低排放范围，在线数据存在明显异常波动。

吉安市新干生态环境局执法人员立即调取该公司视频监控，发现该公司环保管理人员冯某多次将自来水管接入污水总排放口，添加自来水对外排废水进行稀释。随后执法人员立即赴现场调查取证，对该企业污水总排放口和水质自动采样器 2 号留样瓶进行了采样。通过检测，留样废水与超标时段数据吻合。新干生态环境局利用非现场数据、视频与现场检查情况相结合，查实该公司通过稀释水污染物的形式掩饰超标排放的行为。

2. 查处情况

该公司通过加入自来水稀释排放水污染物的行为违反了《中华人民共和国水污染防治法》第三十九条之规定，吉安市新干生态环境局进行了立案调查，依据《中华人民共和国水污染防治法》第八十三条第（三）款规定和《江西省环境保护行政处罚自由裁量权细化标准》，责令该公司立即改正违法行为，并处以 30 万元罚款。同时依据《中华人民共和国环境保护法》第六十三条的规定，吉安市新干生态环境局将该案移送公安机关，公安机关依法对有关责任人员处以行政拘留。

3. 启示意义

生态环境部门通过污染物自动监控系统发现企业违法排污线索，通过视频监控调查取证并及时开展现场采样分析，固定证据，有效发挥了非现场监管的震慑力，形成了对违法排污企业的重拳打击，维护了环保法律法规的权威性。

第3章 水 生 态

水生态系统
修复内涵

3.1 水生态系统修复内涵

水生态系统是水生生物群落与水环境相互作用、相互制约，通过物质循环和能量流动共同构成具有一定结构和功能的动态平衡系统。水生态系统可分为淡水生态系统和海水生态系统。按照现代生物学概念，每个池塘、湖泊、水库、河流等都是一个水生态系统，均由生物群落与非生物环境两部分组成。生物群落依其生态功能分为生产者（浮游植物、水生高等植物）、消费者（浮游动物、底栖动物、鱼类）和分解者（细菌、真菌）。非生物环境包括阳光、大气、无机物（碳、氮、磷、水等）和有机物（蛋白质、碳水化合物、脂类、腐殖质等），为生物提供能量、营养物质和生活空间。水生态系统保证系统内的物质循环和能量流动，以及通过信息反馈，维持系统相对稳定与发展，并参与生物圈的物质循环。水生态系统对外来的作用力有一定承受能力，如作用力过大，则会失去平衡，系统即遭到破坏。

水生态系统修复是通过一系列保护措施，最大限度减缓水生态系统的退化，将已退化的水生态系统恢复或修复到可以接受的、能长期自我维持的、稳定的状态水平。

水生态环境修复是利用生态系统原理，按照自然界的自身规律使水体恢复自我修复功能，采取各种工程、生物和生态措施修复受损水体，提高水体质量，修复生态系统结构，强化水体环境的自净能力，重建健康的水体环境，实现水生态环境整体协调、自我维持和自我演替的良性循环。

本章先介绍生态清洁型小流域综合治理、河道生态整治等水生态整治措施，再从水生态指标体系、河湖水系综合整治、水生态修复技术、水土保持措施四个方面介绍最新的水生态系统修复技术，并提供部分水生态环境修复实例，供学习参考。

3.2 生态清洁型小流域综合治理

生态清洁型
小流域综合
治理

3.2.1 治理思路

小流域综合治理严格执行以水源保护为中心，山、水、农、林、路、村统筹考虑，污水、垃圾、厕所、环境、河道"五同步"治理的原则。拦、蓄、灌、节、排等工程措施相结合，各项措施遵循自然规律和生态法则，并与当地景观相协调，按照"统一规划、分步实施、稳步推进"的原则进行分区建设。根据小流域自然地理概况、社会经济发展条件、水土流失及防治状况等实施小流域不同治理模式，基本实现资源的合理利用和优化配置、人与自然的和谐共处、经济社会的可持续发展和生态环境的良性循环。按照先水源区、人口密集区后一般区及先易后难的原则，稳步推进生态清洁小流域建设。

小流域生态区的划分是按照"保护水源、改善环境、防治灾害、促进发展"的总体要求，以"景观格局相似性、水土流失相似性、治理措施相似性、土地利用方式相似性和生态功能相似性"为原则将小流域作为一个"环境—经济—社会"的复合生态系统。小流域生态区的划分标准，见表3.1。

表 3.1 小流域生态区的划分标准

项 目	生态修复区	生态治理区	生态保护区
地貌部位	坡上、山顶	滩地、坡中、坡下	河（沟）道、滩地
土地利用现状	林地、草地	耕地、建设用地	水域、未利用地、草地
坡度	>25°	≤25°	≤8°
植被覆盖度	>30%	≤10%	≤30%

生态修复区位于流域山顶或坡上部，坡度一般大于25°，是人口相对稀少，人类活动较少，不利于农业耕作，没有开发建设及大规模的农业生产活动等人为干扰的区域，其修复措施主要包括禁封、护栏和疏林补植等。

生态治理区位于坡中、坡下和坡脚地区，坡度不大于25°；是村镇建设区、农业生产区、风景旅游区等人类活动频繁区域；这一区域水土流失、农业面源污染、生产生活污水、垃圾污染较集中，废弃矿山等开发建设废弃地以及大面积裸露荒坡多。宜以坡面整治、沟道治理、护林护草、生态护坡、蓄排水利工程、生态农业、环境美化、污水处理和垃圾处理等措施为主。

生态保护区位于流域下游沟道、河（湖）道两侧以及湖库周边地带，一般为河川地、河滩地等滨水区域，主要包括河道治理、河（库）滨带治理等措施。

3.2.2 治理措施

针对小流域内水土流失状况、水环境状况、水土资源开发利用以及人类活动等不同特点，以保护水源为中心，按照"因地制宜、因害设防"的原则，"分区布局、分区治理"的思路，在小流域不同功能区布置不同的预防保护和治理措施，形成立体和水平纵横交错的工程网络和措施体系。具体工程措施包括：禁封措施、护栏工程、疏林补植、坡面整治、沟道治理、护林护草、土地整治、挡土墙、生态护坡（岸）、排洪工程、蓄水工程、生态农业、节水灌溉、环境美化、垃圾管理、污水处理、农路建设、防护坝、河（库）滨带治理、河道治理、雨水利用、节点景观等22项。

（1）禁封措施。为保护山区林草地，防止人为放牧、砍伐等破坏活动，在小流域内坡面坡度大于25°或土层厚度小于25cm的地块，宜进行封禁治理，并设置封禁标牌。标牌以提醒为主，明确封禁范围、封禁管理规定或管护公约等，每个封禁区域应至少设置封禁标牌1处。封禁标牌的形状、规格与材料应与当地景观相协调，宜就地选材，采用天然石或木材制作。工程实施内容结合"重点水库型饮用水水源地保护工程"建设。

（2）护栏工程。护栏措施的主要目的是防止牛羊进入生态修复区，保护山区林草地。在封禁治理区内林草破坏严重、植被状况较差、恢复比较困难的区域出入路口应设置护栏、围网等拦护设施；在塘坝、水池、污水处理设施等周围，也可根据实际情况，设立拦护设施。拦护设施高度一般为 1～2m，应与当地景观协调一致，一般可选用植物绿篱、木桩围栏、木桩刺铁丝围栏和混凝土桩刺铁围栏等。

（3）疏林补植。对植物群落盖度（郁闭度）小于 0.5 的疏林地采用点植补密，结合小型水利工程，充分利用当地雨水资源增加植物的成活率。树种宜选择抗逆性好、耐干旱、抗病虫害、生长迅速、适宜在土石生长、覆盖土壤能力强、根系发达，且具有一定经济价值的乡土树种，同时宜营造针阔、乔灌混交林。

（4）坡面整治。对于 25°以上土层较薄、植被稀少、树木不易生长的坡面，采取穴状、鱼鳞坑整地，拦蓄坡面径流，营造水土保持林；对于 15°～25°的坡面，修水平阶、反坡梯田，采取地随树走的办法，保证树根部土层加厚，增加土壤的保水保肥能力，并根据市场需求营造各种经济林；对于 15°以下的坡面，宜整修水平梯田，发展粮食作物生产、田间配套林网和灌排系统，地形较为破碎的宜砌筑树盘。

（5）沟道治理。沟道治理工程的作用在于防止沟头前进、沟床下切、沟岸扩张，减缓沟床纵坡、调节山洪洪峰流量，减少山洪或泥石流的固体物质含量，使山洪安全地排泄，对沟口冲积堆不造成灾害。山沟治理的措施包括：防治沟头下切的谷坊工程；以拦蓄调节泥沙为主要目的的各种拦沙坝；以拦泥淤地、建设基本农田为目的的淤地坝等。

（6）护林护草。水土保持林是以调节地表径流、涵养水源、防止土壤侵蚀，改善生态条件和农业生产条件为目的的防护林，根据用途不同，水土保持林可分为经济林和生态林。小流域内土层厚度大于 25cm、坡度小于 25°的坡地以及沟（河）道两岸、湖泊水库四周、渠道沿线宜营造水土保持林；在土层厚度大于 30cm、坡度小于 15°的退耕地及荒坡地宜营造经济林。树种的选择应符合适地适树、优质高产和多样长效的原则，因地制宜配置不同树种。树种宜选择抗逆性好、耐干旱、抗病虫害、生长迅速、能及早郁闭、树冠浓密、落叶丰富、覆盖土壤能力强、根系发达，且具有一定经济价值的乡土树种，同时宜营造针阔、乔灌混交林。经济林的造林密度宜为 800～1500 株/hm²，生态林宜为 1000～2000 株/hm²。营造水土保持林还应采取集水整地措施，以保持水土，促进树木正常生长。整地工程防御标准按 10～20 年一遇 3～6h 最大雨量设计。根据立地条件和林种的不同，小流域常采取鱼鳞坑或水平阶等整地措施。

水土保持护草具有增加植被，涵养水源，减轻水土流失，改善生态环境的作用，并且能缓解农村饲料、肥料、燃料的缺乏问题，取得生态效益和经济效益的双丰收。在小流域内的退耕地、撂荒地、沟头、沟边、沟坡、梯田田坎、废弃地及村头空地等宜种植水土保持护草。草种宜选择抗逆性强、保土性好、生长迅速、具有一定经济价值的乡土草种，同时宜采用无灌溉或少灌溉的草种，以节约水资源。水土保持种草方式主要分为直播和混播。直播又分条播和穴播，条播适用于地面比较完整，坡度在 25°以下的地块；穴播适用于地面比较破碎的地块，坡高线人工开穴，行距与穴距大致相等，上下相邻两行穴位呈"品"字形排列。混播是直播的特殊形式，在直播的几种方式中采用两种以上的草类进行混播，以加速覆盖，增强保持水土的作用，并促进草类生长，提高质量。

（7）土地整治。土地整治的目的是改良土壤、减少水土流失，实现环境清洁，主要针对已废弃的开发建设用地和砂石坑。土地整治的原则是最少扰动原有地貌，将土地平整与绿化种植相结合，即利用原有地形营造自然、起伏的微地形；同时清除地表难以利用的废弃垃圾，将较好的表土堆放在具有良好水土保持措施的地方，待土地平整，再覆一定厚度的土，栽植乔灌木进行绿化美化。

（8）挡土墙。挡土墙是指支承路基填土或山坡土体、防止填土或土体变形失稳的构造物。在小流域内风化、碎石崩落、坍塌严重的坡脚以及取土场、弃土场的边坡，应修建挡土墙。按挡土墙的位置可分为路肩墙、路堤墙、路堑墙等类型，按挡土墙的结构特点可分为重力式挡土墙、锚定板式挡土墙、锚杆挡土墙、钢筋混凝土悬臂式挡土墙、扶壁式挡土墙，以及加筋土挡土墙等形式。小流域常用的是重力式挡土墙，由砖、石、混凝土等材料砌筑而成，体积较大。重力式挡土墙依靠自重产生的抗倾覆力矩来平衡作用于墙背上的土压力引起的倾覆力矩，从而保持稳定。其结构简单，施工方便，易于就地取材。重力式挡土墙高度一般小于 5m，在土质地基中，基础埋置深度不宜小于 0.5m；在软质岩地基中，基础埋置深度不宜小于 0.3m。为保证雨后墙体的强度，挡土墙需设置截水沟或泄水孔等排水设施。可沿墙体种植攀缘植物，既能稳定墙体，又能起到绿化美观的作用。

（9）生态护坡（岸）。小流域内村庄道路两侧及河道两岸常存在破坏严重、裸露的土质边坡和岩石边坡，边坡坡面土质松散，岩石分化严重，稳定性差，为防止坡面水土流失，营造良好的生态景观，应采取护坡措施。传统的护坡形式有干砌石护坡、浆砌石护坡、混凝土护坡等，但随着对景观和环保意识的增强，结合新农村建设，小流域内宜更多采用生态护坡技术。

生态护坡机理是在坡面上栽种树木、植被、草皮等植物，通过植物根系发育，深入土层，使表土固结。植物覆盖坡面，不仅可以阻止地面径流，调节表土的湿润，防止扬尘风蚀和水土流失，而且可以美化景观，改善生态环境。小流域主要应用的护坡形式包括植草护坡、生态混凝土护坡、网格生态护坡、生态袋护坡等，其主要应用范围，见表 3.2。

表 3.2　　　　　　　　　　　　常用护坡形式及其主要应用范围

护坡形式	土质边坡	岩质边坡	坡　比			
			>1:1	1:1	1:0.75	1:0.5
植草护坡	√		√	√	√	
生态混凝土护坡	√	√		√	√	
网格生态护坡	√	√	√	√		√
生态袋护坡	√	√		√	√	
客土植生植物护坡		√		√	√	√
液压喷播植草护坡	√	√		√	√	

（10）排洪工程。排洪沟（渠）是小流域村庄防洪排涝的主要工程措施，小流域现有排洪沟（渠）多数存在排污严重、垃圾淤积、缺少防护、水环境差等问题，既影响了行洪安全，又破坏了水生态健康，应对排洪沟（渠）进行综合整治。根据防洪标准计算洪峰流量，拓宽不符合行洪标准的沟（渠）道断面，保证行洪安全。实行雨污分流，将排入排洪

沟（渠）的污水，利用埋设暗管暗渠的方式集中组织排污，防止污水的污染，净化排洪沟（渠）水源；有条件的地方，可与村庄附近的坑、塘等连接，进行雨洪水利用。排洪渠宜采用明渠形式，侧墙宜采用浆砌石或干砌石，渠道两岸宜进行生态护岸、植被绿化等措施。

（11）蓄水工程。蓄水工程主要包括塘坝、水窖和蓄水池等小型水利工程。水窖是修建于地面以下并具有一定容积的蓄水建筑物，由水源、管道、沉沙、过滤、窖体等部分组成。水窖可以拦蓄雨水和地表径流，减轻水土流失，还可以为人畜饮水和旱地灌溉提供水源。水窖要根据年降水量、地形、集雨坪（径流场）面积等条件因地制宜进行合理布局。在石质山区，多利用现有地形条件，在无泥石流危害的沟道两侧的不透水基岩上，加以修补，做成水窖，窖址应便于人畜用水和灌溉农田。

（12）生态农业。生态农业工程建设主要指减少农田化肥和农药造成的面源污染，实现农业清洁生产，指导农民科学使用农用化学品，推行测土配肥，保持化肥农药的合理使用水平，扩大生物肥料、生物农药覆盖面。

1）科学施肥工程：一是根据不同农田生态系统、不同作物和不同生长时期的养分需求特征，合理安排养分投入的比例和不同肥料品种的综合应用技术等，积极使用控释肥和测土配方施肥，减少肥料的投入量，提高养分的利用率；二是提倡秸秆和杂草还田，增加农家土杂肥等有机肥、生物肥施用比例，提高土壤有机质，减少土壤土质退化。

2）农药污染防治过程：一是禁止生产和使用国家明令禁止的农药，推广使用高效、低毒、易降解、低残留的生物农药和植物性农药，注重科学合理施用农药；二是大力推广生物防虫技术和机械物理防虫法，争取保护区内森林病虫害防治面积 95％以上采用生物农药，利用昆虫的趋光性、对特定植物向趋性以及昆虫性外激素等进行诱杀。

（13）节水灌溉。为节约水资源，充分利用现有水资源和雨洪水，小流域内的山区果园、农地、城市绿地等，宜实施节水灌溉措施。适用本区的节水灌溉技术主要包括喷灌和滴灌。与普通地面灌水方法相比较，滴灌和喷灌不仅具有省水省工、提高作物产量和质量的优点，而且相对于水土保持而言，更具有保土、节地和适应性强的特点，节水灌溉不受地形坡度和土壤透水性的限制，可以不破坏土壤团粒结构，保持土壤的疏松状态，不产生土坡冲刷，使水分都渗入土层内，避免水土流失，且大大减少沟渠、田埂的占地，提高土地利用率。滴灌适用于小流域内各种土壤条件下的蔬菜、果树、花卉、温室等行播作物。喷灌不仅可以用于小流域内农作物以及花卉、草地等的灌溉，而且可兼作喷洒肥料、喷洒农药、防霜冻、防暑降温和防尘等用途。

（14）环境美化。在小流域内人类活动聚集区，特别是村庄，存在垃圾乱堆乱放、缺乏绿地、环境卫生较差等问题，对村庄进行绿化美化，是改善村民人居环境、实现农村环境整洁优美的重要环节。

对村庄道路两侧、场院等地的"五堆"（柴、土、粪、垃圾、建筑弃渣）应进行清理整治；对村庄四周、道路、水旁的原有树木应予保留，绿化主要应以造新补缺为主，以乡土树种为主，慎重引进新树种，适当增加经济林。对城镇、工业经济区等应以观赏树种为主，并注重乔、灌、花、草品种的配置，增加景观的层次性和季节性。

（15）垃圾管理。目前一些村庄和旅游景区普遍存在未布设垃圾收集站或布设的垃圾收集点（箱）和垃圾站数量偏少、间隔较远的现象，导致垃圾倾倒不方便，加之部分群众的环保意识不强，部分垃圾倾倒在路边和沟道内，影响周边环境，尤其在雨季，垃圾将会随洪水冲刷至周边的沟道和河渠，污染水质。因此，需根据村庄（旅游区）规模、人口、日产垃圾量等布置建设垃圾收集站点和垃圾收集箱。农村生活垃圾处理按照"资源化、减量化、无害化"的原则采用"户集、村收、镇运、县（市）或区域集中处理"的管理模式。

（16）污水处理。污水来源主要是农村生活用水、畜禽养殖废水以及旅游餐饮污水、工业废水等。其特点为：点源较分散，排放量较大，距污水收集管网远，污水处理设施少；厕所多为旱厕，污物渗入地下将对环境产生污染；雨季雨污合流，一般直接排入河道，对水环境造成危害；污染物以有机物、氮、磷等为主。

综合考虑小流域污水排放方式、排放特点以及污水处理设施建设和运行成本等因素，小流域污水处理主要采用以下三种处理模式：

1）分散处理模式。主要适用于规模小（常住人口小于1000人）、布局分散、污水不易集中收集的村庄、养殖场或旅游区等，污水分散收集，每个区域单独处理，宜采用自然处理、小型污水处理设备（如 WSZ - A 型设备）等工艺形式；旅游区要设生态厕所（如微生物水循环厕所）。

2）集中处理模式。适用于规模较大的单村或联村，将农村生活污水通过污水管网收集后集中处理，可采用自然处理、常规生物处理等工艺形式。

3）接入市政管网模式。将农村污水通过污水管线收集后输送至附近市政污水管网，就近接入市政污水处理厂进行集中处理，适用于距离卫星城、市政污水管网较近（3km以内）、符合接入高程要求的区域。

主要处理工艺技术有以下两种：

1）人工湿地系统。在一定长宽比及底面坡降的洼地中，由土壤和按一定坡度充填一定级别的填料（如砾石、碎石等）混合组成填料床，废水可以在床体的填料缝隙中流动或在床体的表面流动。在床体表面种植具有处理性能好、成活率高、抗水性能强、生长周期长、美观且具有经济价值的水生植物（如芦苇、香蒲等），它与在水中、填料中生存的动物、微生物形成一个独特的动植物生态环境。污水流经床体表面和床体填料缝隙时，通过过滤吸附、沉淀、离子交换、植物吸收和微生物分解等实现对污水的净化处理。适用于周边有闲置的荒地或坑塘的村庄。其工艺流程如图3.1所示。

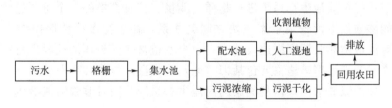

图 3.1 人工湿地污水处理技术工艺流程

2）曝气生物滤池。是将生物接触氧化工艺与悬浮过滤工艺结合在一起的污水处理工艺。以滤池中填装的粒状填料（如活性炭、页岩陶粒、焦炭、炉渣、砂子等）为载体，在滤池内部进行曝气，使滤料表面生长大量生物膜，当污水流经时，利用滤料上所附生物膜中高浓度的活性微生物的强氧化分解作用以及滤料粒径较小的特点，充分发挥微生物的生物代谢、生物絮凝、生物膜和填料的物理吸附和截留以及反应器内沿水流方向食物链的分级捕食作用，实现污染物的高效清除，同时利用反应器内好氧、缺氧区域的存在，实现脱氮除磷的功能。曝气生物滤池技术适用于小流域内远离城市排水管网、处理规模较大的单村与联村污水集中处理。其常用工艺流程如图 3.2 所示。

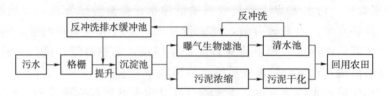

图 3.2　曝气生物滤池污水处理技术常用工艺流程

小流域内污水处理后的出水水质应严格符合以下规定：直接排入附近水体，应符合《地表水环境质量标准》（GB 3838—2002）的规定，其中饮用水水源一级保护区范围内排放的污水执行 II 类标准，二级保护区和其他汇水范围执行 III 类标准；用于农田灌溉，应符合《农田灌溉水质标准》（GB 5084—2005）的规定；排入景观河道，应符合《城市污水再生利用　景观环境用水水质》（GB/T 18921—2002）的规定。

（17）农路建设。小流域内的田间生产道路和村庄步道常存在路面不平整、径流冲刷严重等问题，需进行修整。田间生产道路面宽不宜超过 3m，坡度不宜超过 8°；地面坡度超过 8°的地方，道路应随山就势，盘绕而上，宜采用土质、渣石或沙砾石路面。小型村庄道路面宽不宜超过 2m，可为土道、铺石路或石板路等，铺石路或石板路的石块应互相咬合，路面平整。在农路路面两侧宜布置排水沟，防止路面积水；路边植树与村庄美化工程相结合，选择适宜树种，田间生产道两侧以低矮、经济树种为主，村庄步道以高大、景观树种为主，达到隔音、隔尘的效果。

（18）防护坝。当河（沟）道洪水对村庄、道路和农田造成威胁时，以村庄、道路和农田等作为防护对象，根据防护标准，修建护村坝、护地坝和护路坝等。护村坝和护路坝主要修建在容易遭受洪水危害的地方；护地坝主要修建在农田地坎边坡不稳定的地方。防护坝防洪标准宜采用 10 年一遇洪水，且与周边景观相协调。

（19）河（库）滨带治理。河（库）滨带是生态保护区的重要组成部分，在河流横向上是河流生态系统与陆地生态系统进行物质、能量、信息交换的一个重要过渡交错带，在河流纵向上能够增强沿河景观生态斑块之间的联系，在生物多样性保护中也具有重要意义。因此宜对河道两侧及湖库周边缓冲带内，自然植被遭受破坏的地段进行河（库）滨带治理。河（库）滨带治理措施主要包括河（库）滨带湿地修复和生态护岸，主要目的是修复受损河道，保护流域水源，恢复健康的河流生态系统，同时改善河流沿线自然景观，促进流域旅游和经济发展。

（20）河道治理。小流域河道常存在垃圾淤积、污水排放量大、水质较差、岸堤破损和防洪标准低等问题，影响行洪安全。因此，应对影响河（沟）道行洪安全的淤积物、违章设施、堆放物和垃圾等进行清理。河道清理整治应与河（库）滨带治理、湿地恢复、排洪渠（沟）、护坡等措施相结合，共同实现生态清洁小流域的治理目标。

（21）雨水利用。雨水利用工程具有水资源循环利用、补给地下水的作用，又能起到防洪的作用，在山区和城区要分别采用不同的雨水利用工程。山区雨水利用主要结合五小水利工程，拦蓄雨洪，防治洪水和泥石流灾害。城区雨水利用工程按照因地制宜、"先入渗、再滞蓄、后排放"的原则进行，可采用人工湖、透水砖、回灌井等措施，对于雨落管可以直接与地下渗井、渗水管连接；在广场、社区庭院铺设透水砖；在道路两旁设置蓄渗雨水的渗沟、渗井；在城市低洼、立交桥下等重点严重积水地区，建设大型快速收集雨洪水的地下雨水滞留库等，收集的雨水可用于绿化、洗车、消防备用水源等。利用雨水回补地下水，不仅可以缓解水资源压力，还可以减弱城市的热岛效应。

（22）节点景观。节点景观是对旅游区、主城区和工业园区内以水或路为主轴线景观的诊释，结合景观主题和功能设置园林小品、雕塑、曲桥流水、亲水平台、景亭、跌水、廊架观鱼等，达到"一步一景、步移景变"的视觉效果。

3.2.3　治理模式

不同小流域的自然地理概况、社会经济发展条件、水土流失及防治状况等各不相同，需要不同的水土流失综合防治措施体系，不同的土地利用方式和经济开发方向，推动形成了各具特色的小流域水土流失治理、保护与开发模式。小流域治理模式主要分为生态保育型、生态农业型、旅游经济型、工业绿地型、都市休闲型。

（1）生态保育型小流域治理的主要目的是涵养水源、减少水土流失，其主要特征为生态林所占比重较大，以生物措施（造林）为主，工程措施为辅。主要措施包括封山育林、疏林补植、退耕还林还草等措施。生态保育型小流域主要分布在作为饮用水水源水库和河流的周边及上游区域。

（2）生态农业型小流域治理是以改善人民生产、生活和生态环境为目的，工程措施和生物措施并重，包括坡面整治、砌筑树盘、节水灌溉、造林植草、环境美化、垃圾处理、污水处理和农路建设等措施。在特色林果种植区，适度发展观光农业，形成"山顶绿带飘，山间果缠腰，山底粮满仓"的生态小流域。生态农业型小流域主要分布在农业生产区。

（3）旅游经济型小流域建设以绿色产业和休闲观光旅游为主，在具有山水、民俗旅游资源的小流域，充分利用当地资源开发旅游业，美化环境的同时带动当地经济发展。

（4）工业绿地型小流域建设主要加强循环经济示范区和生态工业园区的生态环境建设，构建河道生态绿廊和工业景观，以体现工业文明与生态文明的完美结合及彰显国际特色为目的。主要是在保证防洪安全的情况下，进行工业绿地和节点景观建设等。

（5）都市休闲型生态清洁小流域主要分布在城镇等人口密集区，小流域治理的目的主要是加强水生态文明城市建设，为人民提供一个休闲、舒适、优美的生活环境，打造人水和谐、人水相亲的宜居城市。

3.3　河道生态整治

（1）河道平面整治。对于郊区河流和目前尚未整治开发的自然河道，尽量保持其天然蜿蜒的形态，因势利导地保护河流两岸。对已经直线化的人工河道，依照自然规律，利用生态工程技术适度恢复部分自然岸线与河床，形成蜿蜒曲折的自然线形，丰富水流形态，为水生植物创造丰富的水环境。

（2）河道断面整治。河道断面处理的关键是，既要设计一个能够常年保证有水的河道及能够应付不同水位、不同水量的河床，还要提供理想的开敞空间环境，具有较好的亲水性，适于休闲游憩。若区域内季节性河流较多，平时河道水量较小，洪水来时又有较大的过流量，生境单一，景观很差，丧失了河道的生态多样性。则河道横断面宜采用复式断面，复式断面可以因地而异，不必强调对称。枯水期时，流量小，水流归主槽，能够为鱼类提供基本生存条件；洪水期时，流量增大，洪水可以漫滩，允许高潮位或高水位和小洪水淹没某些岸边设施，过水断面变大，洪水水位较低，可不必建高大的防洪堤。漫滩地具有较好的亲水性，适于休闲游憩，是城市中理想的开敞空间环境。次槽尽量采用缓坡，可以在保证土壤倾斜角的同时，方便护岸工程的施工，具有很好的亲水性和开敞性。

（3）河道岸坡整治。基于对生态系统的认知和保证生物多样性的延续，以生态为基础、安全为导向，对河道岸坡实施生态护坡，尽量减少对河道自然环境的损坏。采取的生态护坡主要包括自然原型护坡、自然型护坡和人工自然型护坡三种类型。

（4）城镇中心河道。城镇中心河道指流经主城区、工业核心区及乡镇中心所在地等城镇人口聚集区的河道。这些河道两岸人口密集，工业集中，防洪压力大，因此城镇中心河道对堤防的安全性要求非常高。需要在保持河底脚、岸坡安全稳定的前提下，进一步考虑生态环境要求，重点河岸要考虑生态环境景观效果。城镇中心河道承担着社会公共空间的载体功能，更多地表现为集游憩、休闲、娱乐、健身、文化等于一体的多功能复合的空间，不仅让人参观游览，而且可以供人使用，表现出亲和、共享的特性。因此在断面、岸坡以及景观形式选择上，需要注重开放性、亲和性和可达性。城镇中心河道又可分为未硬化河道和硬化河道两种类型。

1）未硬化河道。未硬化河道适合选择人工自然型护坡，堤岸可根据需要采用硬质材料，形式简单，但通过景观的手法进行柔化处理，如设置小品、竖向设计及植被绿化等，会使堤岸更倾向于自然生态。

2）硬化河道。对于硬化河道，在城市的防洪、除涝、引水等方面已经发挥了巨大的作用，拆除会对两岸人民生活和经济活动产生较大影响，而且资金投入较大。可以用植被掩盖硬化岸坡，即在传统浆砌石、混凝土硬化的岸坡表面覆土植生，一方面能起到截留陆域面源污染的作用，另一方面也能改善水岸生态系统和岸边景观。随着护岸的硬化材料老化，对硬化材料逐步拆除，选择稳定抗冲、生态友好的人工自然型护坡，同时对河道岸线、断面进行综合整治，形成生态河道。

（5）城郊河道。城郊河道是指位于城市近郊地区的河道。这一类河流多为饮用水功能区，是连接水库、饮用水水源地与城市核心的重要纽带，河道周边的经济开发较少，水质保护尤为重要。此类河道整治应尽量恢复河道天然状态，宜选择自然型护坡。另外，城镇中心的非主要行洪河道，也可以采取这种护坡形式，为城市增加更为天然、原生、丰富的水景观、水文化。

（6）山区河道。山区河道一般位于城市的远郊，是山野地带的河道。此类河道周边人口稀疏，多为种植用地，河道自然形态保存良好，宜采用自然原型护坡。通过面层种植植被或铺设细沙、卵石，形成草坡、沙滩或卵石滩保护堤岸。如选择柳树、水杉、芦苇、菖蒲等适于滨水地带生长的植被种植在堤岸上，利用植物的根、茎、叶来固堤，可保持自然堤岸特性。

对于乡村田间河道，除个别冲刷严重河岸需筑堤护坡外，应尽量维持原有的自然面貌，保持天然状态下的岸滩、江心洲、岸线等自然形态，维持河道两岸的行洪滩地，保留原有的湿地生态环境，减少工程对自然面貌和生态环境的破坏。

3.4　水生态环境修复技术

3.4.1　水生态指标体系

水生态系统是指由水体、生物和环境因素相互作用形成的生态系统。水生态系统的安全是指水体及其周围环境的稳定性和健康性，以及生物在这一系统中的适应能力和生存状况。为了评估和监测水生态系统的安全状况，需要建立一套科学严谨的指标体系。

1. 水面率

水面积是以河道（湖泊）的设计水位或多年平均水位控制条件计算的面积，水面积与区域内总面积的比例称为水面率。区域水面率是指一定区域范围内承载水域功能的区域面积占区域总面积的比率。水域功能是指水域的直接提供可利用的水源、调蓄区域水资源、降解污染物和吸纳营养物质、保护生物多样性、休闲旅游、航运、调节气候等功能。提出水面率的目的是给出一个指标，评估在自然力与人类活动双重作用下人类社会和水域自身的协调发展程度，进而通过水域管理工作，促进人类与自然的协调发展。

2. 水土流失治理率

水土流失治理率是指已治理的水土流失区域面积与应治理的水土流失区域面积的比值。治理水土流失，是指按照水土流失规律、经济社会发展和生态安全的需要，在统一规划的基础上，调整土地利用结构，合理配置预防和控制水土流失的工程、植物和耕作措施，形成完整的水土流失防治体系，实现对流域（或区域）水土资源及其他自然资源的保护、改良与合理利用的活动。它包括预防、管护、治理三方面内容。

3. 生态流量满足程度

生态流量指维持河流生态系统的结构、功能而必须维持的最小流量。为了维护河湖生态系统功能为目标，科学确定生态流量，严格生态流量管理，强化生态流量监测预警，要加快建立目标合理、责任明确、保障有力、监管有效的河湖生态流量确定和保障体系，加快解决水生态损害突出问题，不断改善河湖生态环境。按照人水和谐绿色发展、合理统筹三生用水、分区分类分步推进、落实责任严格监管的原则，提出了以下工作目标：到2025年，生态流量管理措施全面落实，长江、黄河、珠江、东南诸河及西南诸河干流及主要支流生态流量得到有力保障，淮河、松花江干流及主要支流生态流量保障程度显著提升，海河、辽河、西北内陆河被挤占的河湖生态用水逐步得到退还；重要湖泊生态水位得到有效维持。

4. 水生生物多样性

水生生物多样性指水生生物种类和数量。水生生物种类繁多，按功能划分，包含自养生物（各种水生植物）、异养生物（各种水生生物）和分解者（各种水生微生物）。不同功能的生物种群生活在一起，构成特定的生物群落，不同生物群落之间及其与环境之间相互作用、协调，维持特定的物质和能量流动过程，对水环境保护起着重要作用。

5. 河道有效整治率

河道有效整治率指经疏浚后引排畅通，基本达到原设计标准，同时建立了河道轮浚机制，长效管护到位的河道占所有河道总数的比值。河道整治亦称"河床整理"，是控制和改造河道的工程措施。在天然河流中经常发生冲刷和淤积现象，容易发生水害，妨碍水利发展。为适应除患兴利要求，必须采取适当措施对河道进行整治，包括治导、疏浚和护岸等工程。

3.4.2 河湖水系综合整治

1. 河流修复技术

河流是陆地表面成线形的自动流动水体。河流修复是指使河流生态系统恢复到被破坏前的近似状态，且能够自我维持动态均衡的复杂过程。河流修复技术多种多样，物理技术有河道引水技术、生态防渗技术、物理覆盖技术、人工增氧技术等；化学技术有投加絮凝剂促进污染物沉淀、加石灰脱氮、投加化学药剂除藻、调节 pH 值对重金属进行化学固定、原位化学反应技术等；生物—生态技术有微生物修复技术、水生动植物修复技术、人工湿地技术以及多自然型河流构建技术等。

（1）河道引水技术。

河道引水技术是指一种通过引进外部清洁水源来改善河道水质的技术手段。在水源允许的情况下，引进外部清洁的水源以增加河水水量，不仅可以人为地缩短水在河道中的停留时间，增加浮游植物的生物量，使污染河水不易黑臭，同时水体复氧量也会增加，能够提高河道自净能力。引水的直接作用是加快水体交换，缩短污染物滞留时间，从而降低污染物浓度指标，使水体水质得到改善；水体的流动性加强了沉积物与水体界面之间的物质交换，提高水体自净能力。利用调水改善河道水质是一种投资少、成本低、见效快的处理工程。

例如：武汉大东湖生态水网——"六湖连通"工程，是以东湖为中心，将东湖等 6 个主要湖泊以及青潭湖、竹子湖、水果湖、内沙湖、陈家堰等湖泊与长江通连，形成江、湖、港、渠为主要组成部分的庞大水网。引入江水，连通湖泊，让湖水流动起来。

（2）河道曝气技术。

河道曝气技术是通过在适当位置向河水中进行人工充氧，加速水体复氧过程，使整个河道的自净过程始终处于好氧状态，提高水体好氧微生物活性，从而改善河流水质的技术手段。河道曝气复氧一般采用固定式充氧站和移动式充氧平台两种形式的曝气设备，包括叶轮式曝气机、水车式曝气机、射流式曝气机以及曝气复氧船等。

固定式曝气：当河水较深，需要长期曝气复氧，且曝气河段有航运或景观功能要求时，一般宜采用固定式充氧站，即在河岸上设置一个固定的鼓风机房或液氧站，通过管道将空气或氧气引入设置在河道底部的曝气扩散系统，达到增加水中溶解氧的目的。

移动式曝气：采用可以快速移动的曝气设备，其优点是可以根据曝气河段水质的变化和航运要求，灵活调整曝气强度和曝气位置，使曝气更为经济、高效。河道曝气在国内外河道治理中应用很广。如：德国早在 20 世纪 80 年代对 Enscher 河进行纯氧曝气复氧；英国 1850 年在泰晤士河中安装大型充气设备，增加水体中的溶解氧；美国在 20 世纪 70 年代至 80 年代初期，圣克鲁斯港大量鱼死亡，通过在河口处安装曝气设备，解决了这一问题；帕斯是澳大利亚西部的最大港口，通过在河沿岸固定地点进行复氧曝气和河流移动式曝气，来改善当地水质；上海苏州河支流新泾港下游是一段严重污染河道，对其进行纯氧曝气有效降低了黑臭水体中的化学需氧量浓度。

（3）河道稳定塘。

稳定塘对污水的净化过程与自然水体的自净过程相似，是一种利用天然净化能力处理污水的生物处理设施。用于河水处理的稳定塘可以利用河边的洼地构建，对于中小河流（不通航、泄洪），还可以直接在河道上筑坝拦水构建河道滞留塘。河道稳定塘的类型有好氧塘修复、曝气塘修复、水生植物塘修复和养殖塘修复这四种类型。

案例：人工强化氧化塘用于温榆河水体修复

将温榆河上游一条旱沟堆积土坝蓄水，改造成氧化塘，旱沟长期处于干涸状态，自然水生态系统短时间很难形成，通过人工强化向塘中加设软纤维填料，大量地增加附着生物量，以提高单位体积的处理负荷量及处理效率，在低温下处理效率的提高特别明显。

人工水草是美国研制成功的一种具有水草形状的人造聚合物，由超编织技术制造的具有高比表面积的织物。将其置于水中后，可以成倍地吸附水中微生物，微生物群将水中污染物进行高效降解。

（4）人工湿地技术。

人工湿地技术主要是将被污染的河水有控制地投配到生长有芦苇、香蒲等水生植物的湿地上，污水在沿一定方向流动过程中，经过水生植物和土壤的作用得以净化。

人工湿地一般分为两类：表流湿地（自由水面人工湿地）和潜流型人工湿地。

1）表流湿地（自由水面人工湿地）。在表面流湿地系统中，水面位于填料表面以上，水深一般为 0.3～0.5m；湿地中种植挺水型植物（如芦苇等）。向湿地表面布水，水流在湿地表面呈推流式前进，在流动过程中，与土壤、植物及植物根部的生物膜接触，通过物理、化学以及生物反应，污水得到净化，并在终端流出。

2）潜流型人工湿地。潜流型人工湿地可分为水平潜流人工湿地、垂直潜流人工湿地和复合流人工湿地。

人工湿地由四部分组成：防渗层、基质层、腐殖层、水层和湿地植物。

a. 防渗层：阻止污水向地下水体的渗透；可选用的材料有黏土、高分子材料；湿地底部的沉积污泥层可形成天然防渗层。

b. 基质层：提供植物生长所需的基质；为污水的渗流提供良好的水力条件；为微生物提供良好的生长载体。一般采用砾石、土壤或砂。

c. 腐殖层：为微生物提供良好的生长载体过滤作用，可去除污水中的悬浮物，能作为反硝化的碳源；一般由落叶、枯枝、微生物和小动物的尸体组成。

d. 水层和湿地植物：提供污染物降解的场所；提供水生动物栖息地；净化水中污染物。

案例：松花江富锦段人工湿地净化污染河水

富锦市的城镇人口和农业生产活动密集，成为松花江富锦段的主要污染原因。污染物质通过沟渠和强排站排入松花江，对松花江水质造成污染。建设人工湿地工程能够在末端对污水进行处理，截留污染物质，削减河水污染负荷，改善周边生态环境。

经过人工湿地净化后，松花江富锦段达到地表水Ⅲ类水平。近年来，该段水质基本达标，部分时段水质监测结果为地表水Ⅳ类水平。

2. 湖泊修复技术

湖泊是四周陆地所围成的注地，是与海洋不发生直接联系的静止的水体，而人工湖泊则被称为水库。湖泊水库的修复主要强调恢复水生态系统的服务功能、恢复受损或受干扰湖泊水库水生态系统的结构和生态功能等两个方面。湖泊水库水质恶化主要有两个原因：一是外界输入的大量营养物质在水体中富集；二是内源性负荷。因此湖泊水库修复可从外源性污染物质的控制和内源性污染物质的控制两方面展开。外源性污染物的控制技术主要有清洁生产、退耕还林、改变消费模式、废水集中处理技术等；内源性污染物的控制技术主要有稀释和冲刷、底泥疏浚和覆盖、水力调度技术、气体抽提技术、空气吹脱技术、投加石灰法、水生植物修复技术、生物调控技术、生物膜技术、微生物修复技术、仿生植物净化技术、土地处理技术、深水曝气技术等。外源性污染物控制技术中的清洁生产和内源性污染物控制技术中的底泥疏浚都是修复湖泊水库的有效技术。

(1) 清洁生产技术。

清洁生产是指通过原材料和能源的调整替代、工艺技术的改进、设备装备的改进、过程控制的改进、废弃物的回收利用、产品的调整变更等措施，达到污染物的源头削减、过程控制、提高资源利用效率的目的，减少或者避免生产和产品使用过程中污染物的产生和排放，以减轻或者消除对人类健康和环境有危害的技术。清洁生产技术主要包括源头控制、过程减排和末端循环类技术。源头削减应尽量采用无污染、少污染的能源和原材料；过程减量应尽量采用消耗少、效率高、无污染、少污染的工艺和设备；末端循环时对必须排放的污染物，采用回收、循环利用技术，回收其中有利用价值的资源。清洁生产可以产生环境和经济双重效益，使得汇入湖泊水库中的外源性污染物浓度大大减少，达到修复的目的。

(2) 底泥疏浚技术。

底泥是湖泊水库中的内污染源，有大量的污染物质积累在底泥中，包括营养盐、难降解的有毒有害有机物、重金属离子等。底泥中的有害物质释放到水体中会使水质急剧恶化。底泥疏浚可以彻底去除其中的有害物质。一般有两种疏挖形式：一种是把水抽干，然后用推土机和刮泥机进行疏挖；另一种是带水作业。第一种方法存在一定的技术限制，第二种方法应用性更强。带水疏挖可以采用机械式疏挖，也可以采用水力式疏挖。底泥疏浚技术主要包括确定疏挖底泥体积、选择挖泥机、计算压头和功率、设计底泥堆放场以及底泥利用等几个部分。疏浚时应注意防止底泥泛起以及底泥的合理处置，避免二次污染。欧洲多国均采用过该技术对湖泊水库进行修复，并且效果显著。

滇池草海进行的底泥疏浚清淤工程，共耗资人民币 2.5 亿元，对面积为 2.828km² 的湖底进行了疏浚，挖泥量达 424 万 m³。底泥疏浚工程完成后，有关监测部门在 1999 年 5 月对草海中心的有关参数进行了监测，监测结果显示，草海中心的总氮、总磷和叶绿素 a 浓度分别达 13.03mg/L、1.2mg/L 和 639.41mg/m³，与挖泥前 1994—1996 三年平均值 4.21mg/L、0.60mg/L 和 119.17mg/m³ 相比均有大幅度增加。2000 年平均生化需氧量、化学需氧量、总氮、总磷与 1998 年相比分别增加 15%、60%、57% 和 92%。

3. 湿地修复技术

湿地是处于陆地生态系统和水生生态系统之间的转换区，具有独特水文、土壤、植被与生物特征的生态系统。湿地修复指通过生态技术或生态工程对退化或消失的湿地进行修复或重建，再现破坏前的结构和功能，以及通过相关的物理、化学和生物学过程，使其发挥应有的作用。湿地修复技术可按照物理、化学和生物技术进行划分。物理技术包括土壤渗滤法、调水冲洗法；化学技术包括混凝法、中和法、氧化还原法、吸附法、离子交换法、电渗析法；生物技术包括湿地植物净化法、生物膜吸附法等。由于化学方法容易对湿地生态系统造成新的污染，所以相关技术应用不广泛。土壤渗滤法和生物膜吸附法是两项比较新的技术，应用性也较强。

（1）土壤渗滤法。

湿地土壤是湿地植物生长发育的基质，在此发生了各种物理化学反应，利用湿地土壤对水环境污染物的过滤特性，可以达到水环境改善的目的。研究表明，湿地土壤在垂直方向上对氮和磷有很强的过滤截留作用。对氮素过滤、截留起主要影响作用的土壤因子是黏土含量、有机质含量和总氮含量，对磷素起主要影响作用的土壤因子是黏土含量、有机质含量、pH 值和含水量。该技术具有简单易行、费用低的特点，应用性较强。

案例：扎龙自然保护区缓坡土地渗滤处理系统

利用扎龙自然保护区地表亚黏土良好的理化性能和强大的土壤微生物降解作用，结合污水流经场地所具有的独特的地理环境，就地取材，通过土壤渗滤法对流入湿地的造纸废水进行处理。在水土—植物—微生物体系的共同作用下，水中的污染物能够得到净化，从而保护了扎龙自然保护区的生态环境。保护区地表层的亚黏土对造纸废水中各项污染物均有较好的祛除效果，其重铬酸盐指数、五日生化需氧量、六价铬离子、氨氮及总磷的去除率分别在 70%、84%、90%、78% 及 80% 以上，在该处利用缓坡土地渗滤处理系统是稳定可行的。

（2）生物膜吸附法。

在一定的酸碱条件下，生物膜对于湿地水环境中的重金属具有一定的吸附作用。根据湿地的理化性质设计生化池，可采用连续水的动态自然挂膜培养方式，微生物在填料上缓慢生长和繁殖，生物膜会逐渐变厚。生物膜上含有丰富的藻类和原生动物，先吸附原水中的有机物、氨氮等污染物，再进一步被膜上的微生物分解、吸收、代谢而去除。

4. 地下水修复技术

地下水是指存在于地表以下岩（土）层空隙中各种不同形式水的统称。地下水具有多种功能，与人类生活密切相关。随着工农业的快速发展和人民生活水平的提高，地下水受到了严重污染。因此，对受污染的地下水环境进行修复变得越来越重要。地下水修复技术可大致归并为四类，即物理技术、化学技术、生物技术和复合技术。物理技术包括水动力控制法、流线控制法、屏蔽法、被动收集法、水力破裂处理法等；化学技术包括有机黏土法和电化学动力修复技术；生物技术包括原位生物修复技术（如 BS 技术）和异位生物修复技术（如堆肥式处理法、预制床法、厌氧处理法、生物反应器法等）；复合技术包括可渗透反应墙法、抽出处理技术、注气-土壤气相抽提（SEV）法。复合法修复技术兼有以上两种或多种技术属性，如抽出处理技术，同时使用了物理修复技术、化学修复技术和生物修复技术，综合各种技术的优点，在修复地下水时更加有效。

（1）抽出处理技术。

抽出处理技术简称 P&T 技术，是最常规的污染地下水治理方法。该方法采用水泵将含水层中地下水面附近的地下水抽取出来，把水中的有机污染物质带回地表，然后用地面污水处理技术对其进行净化处理，最后将处理好的水重新注入地下或排入地表水体，以防止地面沉降或海水入侵，并且可以加速地下水的循环流动。地面污水处理方法很多，最常用的包括以下七种：沉淀、膜分离、交换树脂、活性炭吸附、空气吹脱、化学氧化和生物降解。由于液体的物理化学性质各异，P&T 技术只对有机污染物中的轻非水相液体去除效果明显，而对于重非水相液体来说，治理耗时长而且效果不明显。该方法存在操作繁琐、时间长、成本高的问题，需要长期监测和维护，而且一旦抽水停止，污染物浓度又会升高，不能从根本上解决问题。

（2）可渗透反应墙法。

近几年，随着研究的深入，可渗透反应墙法（PRB）被认为是替代传统抽取处理方法的一种有效方法。该技术广泛用于处理地下水中的有机和无机污染物，它具有能够较长时间持续原位处理、处理组分较多、价格相对便宜等优点，因此近年来受到越来越多的关注。

PRB 是用于原位去除地下水及土壤中污染组分的方法。美国环保署 1998 年发行的《污染物修复的 PRB 技术》手册将 PRB 定义为：在地下安置活性材料墙体以便拦截污染羽状体，使污染羽状体通过反应介质后，其污染物能转化为环境接受的另一种形式，从而实现使污染物浓度达到环境标准的目标。

实际上，污染组分是通过天然或人工的水力梯度被运送到经过精心放置的处理介质中，污染物与介质发生物理、化学或生物作用，如降解、吸附、淋滤或者去除溶解的有机质、金属、放射性以及其他的污染物质，从而得到清洁的地下水。墙体可能包含一些用于降解挥发的有机质，用于滞留重金属的螯合剂，用于提高微生物的生物降解作用的营养及氧气，以及其他组分。

目前在欧美一些发达国家，已对其进行了大量的试验及工程技术研究，并已开始投入商业应用，取得了不错的效果。从 1982 年至今，欧美国家已经建立了 120 座以上的PRB，而在我国仍处于实验摸索阶段。1996 年在美国伊丽莎白地区的东南部安装了一个连续墙式 FeO-PRB。治理之初，污染羽状体中含有较高浓度的铬（>10mg/L）及一部分有机物，经过反应墙的连续反应，其中铬的浓度小于 0.01mg/L，TCE、DCE 等有机物的浓度也达到了相应的标准。吉林大学也通过实验模拟装置成功去除了地下水中的部分金属和有机物。

3.4.3 水生态修复

水生态修复能够恢复水体的自净能力和生态系统的完整性，减少水污染和生态系统退化，保护水资源和水生态系统的健康。水生态修复不仅能够提高水资源的利用率，还能够促进旅游业、渔业等相关产业的发展，为当地经济带来新的发展机遇。水生态修复能够改善人民的生活环境和健康水平，提高人民的生活质量和幸福感。水生态修复主要有以下几种措施：

（1）植物修复。植物修复是利用植物对水体中污染物的吸收、转化和降解作用进行污染物修复的一种技术。通过选择适合生长在水中的植物，将其种植在受污染的水域中，利用植物的生物吸附、生物降解、生物转化等作用去除水体中的有害物质。

（2）生物修复。生物修复是指利用微生物、水生植物等生物体的代谢能力，分解并降解水体中的有害物质，促进水体的恢复。通过加入适量的微生物或水生植物到污染水体中，利用其代谢能力去除水体中的污染物。

（3）物理修复。物理修复是指利用物理手段对水体进行污染治理的技术。物理修复的主要方法包括曝气、过滤、沉淀等，能够有效去除水体中的颗粒物、悬浮物和溶解物等有害物质。

（4）化学修复。化学修复是指利用化学方法对水体进行污染治理的技术。化学修复的主要方法包括氧化还原、沉淀、吸附等，能够有效去除水体中的重金属、有机污染物等。

（5）工程修复。工程修复是指通过建设工程设施来达到生态修复的目的。例如，修建湿地、养殖池塘等工程设施，通过其生态系统的自净能力和生物的代谢作用去除水体中的污染物。

3.4.4 水土保持措施

水土保持是防治水土流失，保护、改良和合理利用水土资源，建立良好生态环境的工作。运用农、林、牧、水利等综合措施，如修筑梯田，实行等高耕作、带状种植，进行封山育林、植树种草，以及修筑谷坊、塘坝和开挖环山沟等，借以涵养水源，减少地表径流，增加地面覆盖，防止土壤侵蚀，促进农、林、牧、副业的全面发展。对于发展山丘区和风沙区的生产和建设、减免下游河床淤积、削减洪峰、保障水利设施的正常运行和保证交通运输、工矿建设、城镇安全，具有重大意义。工程措施、生物措施和蓄水保土耕作措施是水土保持的主要措施。

（1）工程措施：指防治水土流失危害，保护和合理利用水土资源而修筑的各项工程设施，包括治坡工程（各类梯田、台地、水平沟、鱼鳞坑等）、治沟工程（如淤地坝、拦沙坝、谷坊、沟头防护等）和小型水利工程（如水池、水窖、排水系统和灌溉系统等）。

（2）生物措施：指为防治水土流失，保护与合理利用水土资源，采取造林种草及管护的办法，增加植被覆盖率，维护和提高土地生产力的一种水土保持措施。主要包括造林、种草和封山育林、育草。

（3）蓄水保土耕作措施：指以改变坡面微小地形，增加植被覆盖或增强土壤有机质抗蚀力等方法，保土蓄水，改良土壤，以提高农业生产的技术措施，如等高耕作、等高带状间作、沟垄耕作、少耕、免耕等。开展水土保持，就是要以小流域为单元，根据自然规律，在全面规划的基础上，因地制宜、因害设防，合理安排工程、生物、蓄水保土三大水土保持措施，实施山、水、林、田、路综合治理，最大限度地控制水土流失，从而达到保护和合理利用水土资源，实现经济社会的可持续发展。因此，水土保持是一项适应自然、改造自然的战略性措施，也是合理利用水土资源的必要途径；水土保持工作不仅是人类对自然界水土流失原因和规律认识的概括和总结，也是人类改造自然和利用自然能力的体现。

第4章 水 资 源

4.1 水资源管理制度

水是生命之源、生产之要、生态之基。中华人民共和国成立以来，特别是改革开放以来，水资源开发、利用、配置、节约、保护和管理工作取得显著成绩，为经济社会发展、人民安居乐业作出了突出贡献。但同时需要警醒和关注的是，我国不仅仅存在人多水少、水资源时空分布不均等问题，而且水资源短缺、水污染严重、水生态恶化等问题也十分突出，已成为制约经济社会可持续发展的主要瓶颈。如此严峻的水情形势促使一系列水资源管理制度的制定和出台。

4.1.1 水资源管理存在的问题

1. 管理法制不完善，职能管辖范围不明确

目前我国在管理水资源方面虽然逐渐实施了《中华人民共和国水污染防治法》《中华人民共和国水法》《中华人民共和国防洪法》《中华人民共和国水土保持法》等系列法律，但是可操作性、适用性并不强，因为没有制定完备的法规体系以及配套的规章，导致影响了相关法律的实施效果。在地方上的法律实践中，有些与水资源管理相关的法律条文已经无法适应当前及今后管理发展的需要，水资源统一管理机制并未完全建立。对于企业和个人的奖惩条例不明确，其执行也不彻底，诸如向水体超排污水、河道非法采砂等现象屡见不鲜。

从当前的实际情况来看，在水资源管理工作中很多地区的职能管辖范围都不是十分清晰，经常出现重叠管辖或者无人管辖的情况。例如：黄河经过的地区较多，其流域管辖工作由不同的地区和省份分别承担，这在实际工作中存在因划分不明确而带来的问题。黄河上游的用户占用下游的水资源，导致矛盾的产生，由于城市的发展快于农村，很多地区的水资源优先让渡给城市使用，而忽视了农村的生活用水和灌溉用水等问题，造成很多农村地区的用水量得不到保证，农户不满的情绪日渐加深。

2. 体制改革不到位，机制不灵活

目前进行的水资源管理体制改革忽略了水资源的整体性，违背了水资源的自然循环规律，人为地对其进行强制性分割，造成水资源分割不明确、管理不够彻底的局面。主管水利的各个部门之间相互推诿推卸责任，已经成为影响我国水资源管理工作取得进展的一个主要障碍。出了问题相互推诿严重影响办事效率，导致水资源管理问题越来越严重。例如：环保部门和水利部门都是重要的水资源管理机关，我国法律明确规定，环保部门主要负责水体污染的预防和应对，水利部门主要负责水资源的开发和利用。在实际中，很多工

程需要环保部门和水利部门的共同参与,协商制定整体规划。但是由于权责不清,在对实际问题做出决策时,两个部门都不想承担责任,于是出现互相推诿的现象,导致行政效率大大降低。

3. 亟须新理念和新科技

经济社会的快速发展给现代水资源管理带来了一系列压力和挑战,传统的水资源管理模式已经无法满足其管理需求,亟须改革创新,迫切期待新理论、新技术的投入。当前,水资源管理已从传统的以水为中心的命令控制型模式转向公共参与协调、多部门和不同利益团体共同协作的新型模式。全球水伙伴(Global Water Partnership,GWP)要求新的水资源管理模式既要体现基于人文尺度发展的思想,注重公共参与协调、利益团体协作,使得水资源的管理模式从传统上命令控制型的自上而下,转向注重参与协作的自下而上;又要重视地区水与生态、社会经济系统的相互联系,同时考虑水资源的自然、社会、经济属性,将对策措施从水资源系统扩展到社会经济系统。另外,随着计算机、遥感、地理信息系统等技术的迅速发展,传统水科学与信息技术密切相关。具有强大的空间分析和可视化表达能力的 GIS 技术,能够快速、直观、多角度地分析水环境各要素的空间分布与时间变异特征,使水环境管理和综合决策向科学化、信息化和空间化方向发展。国外已经成功开发出一系列水资源管理模型,如SWAT、MIKE BASIN、DPSIR 等,这些模型在水资源评价、规划管理、优化配置以及面源污染防治等方面取得了丰硕的成果,我国需结合实际的水资源问题,开发或改进模型,提高管理效率。

4.1.2 最严格水资源管理制度

1. 制定背景

水资源、粮食和石油是国家的三大战略资源,不同国家不同时期都十分重视水资源的管理和治理。随着工业化、城镇化深入发展,水资源需求持续增长,水资源供需矛盾不断深化,我国水资源面临的形势十分严峻。具体表现为五大方面:

(1)水少。我国人均水资源量只有 2100m³,仅为世界人均水平的 28%,比人均耕地占比还要低 12 个百分点;全国年平均缺水量 500 多亿 m³,2/3 的城市缺水。

(2)饮水成问题。农村有近 3 亿人口饮水不安全;2010 年 38.6% 的河长劣于 Ⅲ 类水。

(3)利用率低。据 2022 年统计,农田灌溉水有效利用系数达到 0.568,较十年前提高了 0.052,但与发达国家 0.7~0.8 的灌溉水有效利用水平仍有较大差距。

(4)开发过度。黄河流域开发利用程度已经达到 76%,淮河流域达到了 53%,海河流域更是超过了 100%,已经超过承载能力,引发了一系列生态环境问题。

(5)水体污染严重。水功能区水质达标率仅为 46%,2/3 的湖泊富营养化,城市黑臭河道不计其数。

为了解决人水矛盾,就必须加强水资源的统一管理、科学管理,以达到合理使用和有效保护水资源,促进水资源可持续利用,实现人水和谐。最严格水资源管理是在人

最严格水资源
管理制度

水矛盾日益突出、水资源问题日益严重、水资源管理需求日益滞后的情形下提出的一项重要管理措施。最严格水资源管理制度在我国政府层面于 2009 年最早提出。时任国务院副总理回良玉在 2009 年全国水利工作会议上提出了"必行最严格的水资源管理制度",时任水利部部长陈雷在 2009 年全国水资源工作会议上再次提出了"实行最严格水资源管理制度",2011 年中央一号文件《中共中央　国务院关于加快水利改革发展的决定》提出了"三条红线"和"四项制度"。在《国务院关于实行最严格水资源管理制度的意见》(国发〔2012〕3 号)文件中又对"三条红线""四项制度"作出具体部署,明确提出"三条红线"的具体目标值以及"四项制度"的具体实施措施。"三条红线""四项制度"是实行最严格水资源管理制度的核心内容,基本诠释了最严格水资源管理制度的轮廓框架。

2. "三条红线"

"三条红线":一是确立水资源开发利用控制红线,到 2030 年全国用水总量控制在 7000 亿 m^3 以内;二是确立用水效率控制红线,到 2030 年用水效率达到或接近世界先进水平,万元工业增加值用水量降低到 $40m^3$ 以下,农田灌溉水有效利用系数提高到 0.6 以上;三是确立水功能区限制纳污红线,到 2030 年主要污染物入河湖总量控制在水功能区纳污能力范围之内,水功能区水质达标率提高到 95％以上。为实现上述红线目标,进一步明确了 2015 年和 2020 年水资源管理的阶段性目标。"三条红线"是应对水循环过程中"取水""用水""排水"三个环节出现的"开发利用总水量过大""用水浪费严重""排污总量超出承受能力"而进行的"源头管理""过程管理"和"末端管理"。因此,"三条红线"是相互联系的一个整体,是一个全面解决水问题的系统,不能仅偏向某一方面。

"三条红线"贯穿并体现了水资源可持续利用和人水和谐的思想,为水资源综合管理实践指明了方向并建立了重点。许多学者和决策部门根据"三条红线"研究出许多水资源管理的支撑技术和评价指标体系。例如:王浩院士总结出了实行最严格水资源管理制度的八大关键技术,即二元水循环模式与社会水循环原理、全口径水资源层次化评价方法、二元水循环机器伴生过程综合模拟技术、水资源大系统多维分析技术、水资源量质联合配置技术、复杂水资源系统多目标综合调度技术、水资源信息管理与数字流域技术、水资源管理经济调节技术。下文将给出北京市水资源管理"三条红线"指标体系构建实例。

实例:北京市水资源管理"三条红线"指标体系

(1) 构建原则。

1) 综合性原则。水资源管理"三条红线"涉及水资源条件、水资源配置格局和开发利用程度、经济社会发展水平、生态环境保护程度、水环境状况等多个方面,而这些方面之间存在十分复杂的联系,因此选取的指标应对现代环境下水资源的多属性特征进行全面描述。

2) 可度量性原则。水资源管理"三条红线"指标要能够进行数值计算,易获取,可量化,可操作。例如:用水效率红线方面,可用节水设施配套维护情况指标表示,但是考虑到节水设施配套维护情况表征方式繁多,不易定量化,即不具有可操作性。相比而言,管网漏失率则更容易定量表示输水管道的维护状况。

3）代表性原则。影响水资源管理的因素多，与之对应的描述指标也多。从实用、可操作的角度看，指标不宜过多、过滥，应选择有代表性的主要指标构建指标体系。代表性指标选取还应具有方向性和独立性，即能够对水资源管理提供指导，并且指标间应具有独立性或弱关联性。

4）层次性原则。水资源管理指标涉及多方面，每一方面又存在诸多影响因素。对于这些方面及其影响因素均可以分别提出相应的指标进行表征。显然，这些指标存在着层次和隶属关系。

（2）指标体系。

"三条红线"指标体系分为目标层、准则层和指标层三个层级。目标层指标对应水资源开发利用、用水效率和水功能区限制纳污三个准则层；通过问卷调查，征询北京市水务局、北京市环保局、北京市水文总站、北京市水科学技术研究院等有关专家领导的建议等方式，可获得对北京市水资源管理现状有表征作用的 30 个变量（表 4.1）。

表 4.1 　　　　　　　　　水资源管理"三条红线"指标体系

目 标 层	准则层	指 标 层	指标编号
水资源管理"三条红线"指标体系	开发利用	用水总量	A1
		工业用水量	A2
		农业用水量	A3
		居民生活用水量	A4
		地下水水位	A5
		外调水利用率	A6
		水资源开发利用率	A7
		地下水开采模数	A8
		实灌率	A9
		综合耗水率	A10
		生态环境用水量	A11
	用水效率	万元工业增加值用水量	B1
		农业灌溉水利用系数	B2
		人均生活用水量	B3
		管网漏失率	B4
		再生水使用比例	B5
		万元 GDP 用水量	B6
		万元农业产值用水量	B7
		工业用水重复利用率	B8
		用水模数	B9
		工业产品用水定额	B10

目 标 层	准 则 层	指 标 层	指标编号
水资源管理"三条红线"指标体系	水功能区限制纳污	河段水质达标率	C1
		水库水质达标率	C2
		湖泊达标率	C3
		COD 排放量	C4
		氨氮排放总量	C5
		城六区污染河流湖泊面积比例	C6
		工业污水达标排放率	C7
		污水集中处理率	C8
		污水处理达标排放率	C9

根据 30 位水资源专家打分的结果，进行层次分析总排序：由高层次到低层次逐层计算各层次所有因素对于最高层（总目标）相对重要性的排序权值。得到三个准则层各指标的权重，见表 4.2。

表 4.2　　　　　　　　**各准则层指标权重**

开发利用准则层		用水效率准则层		水功能区限制纳污准则层	
指　标	权重	指　标	权重	指　标	权重
用水总量	0.295	万元工业增加值用水量	0.302	河段水质达标率	0.322
工业用水量	0.220	农业灌溉水利用系数	0.205	水库水质达标率	0.209
农业用水量	0.148	人均生活用水量	0.151	湖泊达标率	0.153
居民生活用水量	0.121	管网漏失率	0.121	COD 排放量	0.113
地下水水位	0.075	再生水使用比例	0.074	氨氮排放总量	0.092
外调水利用率	0.042	万元 GDP 用水量	0.049	城六区污染河流湖泊面积比例	0.037
水资源开发利用率	0.027	万元农业产值用水量	0.040	工业污水达标排放率	0.034
地下水开采模数	0.025	工业用水重复利用率	0.028	污水集中处理率	0.026
实灌率	0.019	用水模数	0.017	污水处理达标排放率	0.015
综合耗水率	0.015	工业产品用水定额	0.014		
生态环境用水量	0.013				

结合水资源管理实际情况及监管的可操作性，第一阶段选取权重和大于 25% 的指标作为监管指标，第二阶段选取权重和大于 60% 的指标作为监管指标，第三阶段选取权重和大于 85% 的指标作为监管指标。筛选结果见表 4.3。

3."四项制度"

"四项制度"分别表述如下：

（1）用水总量控制。加强水资源开发利用控制红线管理，严格实行用水总量控制，包括严格规划管理和水资源论证，严格控制流域和区域取用水总量，严格实施取水许可，严格水资源有偿使用，严格地下水管理和保护，强化水资源统一调度。

表 4.3 各准则层分阶段监管指标

阶 段	开发利用	用水效率	水功能区限制纳污
2011—2015 年	用水总量	万元工业增加值用水量	河段水质达标率
2016—2020 年	用水总量	万元工业增加值用水量	河段水质达标率
	工业用水量	农业灌溉水利用系数	水库水质达标率
	农业用水量	人均生活用水量	湖泊水质达标率
2021—2025 年	用水总量	万元工业增加值用水量	河段水质达标率
	工业用水量	农业灌溉水利用系数	水库水质达标率
	农业用水量	人均生活用水量	湖泊水质达标率
	居民生活用水量	管网漏失率	COD 排放量
	地下水水位	再生使用水比例	氨氮排放总量

（2）用水效率控制制度。加强用水效率控制红线管理，全面推进节水型社会建设，包括全面加强节约用水管理，把节约用水贯穿于经济社会发展和群众生活生产全过程，强化用水定额管理，加快推进节水技术改造。

（3）水功能区限制纳污制度。加强水功能区限制纳污红线管理，严格控制入河湖排污总量，包括严格水功能区监督管理，加强饮用水水源地保护，推进水生态系统保护与修复。

（4）水资源管理责任和考核制度。将水资源开发利用、节约和保护的主要指标纳入地方经济社会发展综合评价体系，县级以上人民政府主要负责人对本行政区域水资源管理和保护工作负总责。

4.2 水生态保护补偿制度

我国水生态
保护补偿制度

4.2.1 我国水生态保护补偿制度

如今，水资源严格管理已经成为新时期我国流域水生态环境保护的主要任务。生态补偿作为一种新型的环境管理手段，以保护和可持续利用生态系统服务为目的，旨在调节生态环境保护中各种利益关系。实施生态保护补偿是调动各方积极性、保护好生态环境和生态文明制度建设的重要内容。近年来，各地区、各有关部门有序推进生态保护补偿机制建设，取得了阶段性进展。但总体看，生态保护补偿的范围仍然偏小、标准偏低，保护者和受益者良性互动的体制机制尚不完善，一定程度上影响了生态环境保护措施行动的成效。为进一步健全生态保护补偿机制，加快推进生态文明建设，我国水生态保护补偿制度初步形成。下面将简要介绍我国水生态保护补偿制度建设情况。

1. 基本原则

（1）权责统一、合理补偿。谁受益、谁补偿。科学界定保护者与受益者权利义务，推进生态保护补偿标准体系和沟通协调平台建设，加快形成受益者付费、保护者得到合理补偿的运行机制。

（2）政府主导、社会参与。发挥政府对生态环境保护的主导作用，加强制度建设，完善法规政策，创新体制机制，拓宽补偿渠道，通过经济、法律等手段，加大政府购买服务力度，引导社会公众积极参与。

（3）统筹兼顾、转型发展。将生态保护补偿与实施主体功能区规划、西部大开发战略和集中连片特困地区脱贫攻坚等有机结合，逐步提高重点生态功能区等区域基本公共服务水平，促进其转型绿色发展。

（4）试点先行、稳步实施。将试点先行与逐步推广、分类补偿与综合补偿有机结合，大胆探索，稳步推进不同领域、区域生态保护补偿机制建设，不断提升生态保护成效。

2．目标任务

实现森林、草原、湿地、荒漠、海洋、水流、耕地等重点领域和禁止开发区域、重点生态功能区等重要区域生态保护补偿全覆盖，补偿水平与经济社会发展状况相适应，跨地区、跨流域补偿试点示范取得明显进展，多元化补偿机制初步建立，基本建立符合我国国情的生态保护补偿制度体系，促进形成绿色生产方式和生活方式。

3．分领域重点任务

（1）森林。健全国家和地方公益林补偿标准动态调整机制。完善以政府购买服务为主的公益林管护机制。合理安排停止天然林商业性采伐补助奖励资金。

（2）草原。扩大退牧还草工程实施范围，适时研究提高补助标准，逐步加大对人工饲草地和牲畜棚圈建设的支持力度。实施新一轮草原生态保护补助奖励政策，根据牧区发展和中央财力状况，合理提高禁牧补助和草畜平衡奖励标准。充实草原管护公益岗位。

（3）湿地。稳步推进退耕还湿试点，适时扩大试点范围。探索建立湿地生态效益补偿制度，率先在国家级湿地自然保护区、国际重要湿地、国家重要湿地开展补偿试点。

（4）荒漠。开展沙化土地封禁保护试点，将生态保护补偿作为试点重要内容。加强沙区资源和生态系统保护，完善以政府购买服务为主的管护机制。研究制定鼓励社会力量参与防沙治沙的政策措施，切实保障相关权益。

（5）海洋。完善捕捞渔民转产转业补助政策，提高转产转业补助标准。继续执行海洋伏季休渔渔民低保制度。健全增殖放流和水产养殖生态环境修复补偿政策。研究建立国家级海洋自然保护区、海洋特别保护区生态保护补偿制度。

（6）水流。在江河源头区、集中式饮用水水源地、重要河流敏感河段和水生态修复治理区、水产种质资源保护区、水土流失重点预防区和重点治理区、大江大河重要蓄滞洪区以及具有重要饮用水源或重要生态功能的湖泊，全面开展生态保护补偿，适当提高补偿标准。加大水土保持生态效益补偿资金筹集力度。

（7）耕地。完善耕地保护补偿制度。建立以绿色生态为导向的农业生态治理补贴制度，对在地下水漏斗区、重金属污染区、生态严重退化地区实施耕地轮作休耕的农民给予资金补助。扩大新一轮退耕还林还草规模，逐步将25°以上陡坡地退出基本农田，纳入退耕还林还草补助范围。研究制定鼓励引导农民施用有机肥料和低毒生物农药的补助政策。

4．推进体制机制创新

（1）建立稳定投入机制。多渠道筹措资金，加大生态保护补偿力度。中央财政考虑不同区域生态功能因素和支出成本差异，通过提高均衡性转移支付系数等方式，逐步增加对重点生态功能区的转移支付。中央预算内投资对重点生态功能区内的基础设施和基本公共服务设施建设予以倾斜。各省级人民政府要完善省以下转移支付制度,建立省级生态保护补偿资金投入机制,加大对省级重点生态功能区域的支持力度。完善森林、草原、海洋、渔业、自然文化遗产等资源收费基金和各类资源有偿使用收入的征收管理办法,逐步扩大资源税征收范围,允许相关收入用于开展相关领域生态保护补偿。完善生态保护成效与资金分配挂钩的激励约束机制,加强对生态保护补偿资金使用的监督管理。

(2) 完善重点生态区域补偿机制。继续推进生态保护补偿试点示范,统筹各类补偿资金,探索综合性补偿办法。划定并严守生态保护红线,研究制定相关生态保护补偿政策。健全国家级自然保护区、世界文化自然遗产、国家级风景名胜区、国家森林公园和国家地质公园等各类禁止开发区域的生态保护补偿政策。将青藏高原等重要生态屏障作为开展生态保护补偿的重点区域。将生态保护补偿作为建立国家公园体制试点的重要内容。

(3) 推进横向生态保护补偿。研究制定以地方补偿为主、中央财政给予支持的横向生态保护补偿机制办法。鼓励受益地区与保护生态地区、流域下游与上游通过资金补偿、对口协作、产业转移、人才培训、共建园区等方式建立横向补偿关系。鼓励在具有重要生态功能、水资源供需矛盾突出、受各种污染危害或威胁严重的典型流域开展横向生态保护补偿试点。在长江、黄河等重要河流探索开展横向生态保护补偿试点。继续推进南水北调中线工程水源区对口支援、新安江水环境生态补偿试点,推动在京津冀水源涵养区、广西广东九洲江、福建广东汀江—韩江、江西广东东江、云南贵州广西广东西江等开展跨地区生态保护补偿试点。

(4) 健全配套制度体系。加快建立生态保护补偿标准体系,根据各领域、不同类型地区特点,以生态产品产出能力为基础,完善测算方法,分别制定补偿标准。加强森林、草原、耕地等生态监测能力建设,完善重点生态功能区、全国重要江河湖泊水功能区、跨省流域断面水量水质国家重点监控点位布局和自动监测网络,制定和完善监测评估指标体系。研究建立生态保护补偿统计指标体系和信息发布制度。加强生态保护补偿效益评估,积极培育生态服务价值评估机构。健全自然资源资产产权制度,建立统一的确权登记系统和权责明确的产权体系。强化科技支撑,深化生态保护补偿理论和生态服务价值等课题研究。

(5) 创新政策协同机制。研究建立生态环境损害赔偿、生态产品市场交易与生态保护补偿协同推进生态环境保护的新机制。稳妥有序开展生态环境损害赔偿制度改革试点,加快形成损害生态者赔偿的运行机制。健全生态保护市场体系,完善生态产品价格形成机制,使保护者通过生态产品的交易获得收益,发挥市场机制促进生态保护的积极作用。建立用水权、排污权、碳排放权初始分配制度,完善有偿使用、预算管理、投融资机制,培育和发展交易平台。探索地区间、流域间、流域上下游等水权交易方式。推进重点流域、重点区域排污权交易,扩大排污权有偿使用和交易试点。逐步建立碳排放权交易制度。建立统一的绿色产品标准、认证、标识等体系,完善落实对绿色产品研发生产、运输配送、购买使用的财税金融支持和政府采购等政策。

(6) 结合生态保护补偿推进精准脱贫。在生存条件差、生态系统重要、需要保护修复的地区,结合生态环境保护和治理,探索生态脱贫新路子。生态保护补偿资金、国家重大生态工程项目和资金按照精准扶贫、精准脱贫的要求向贫困地区倾斜，向建档立卡贫困人口倾斜。重点生态功能区转移支付要考虑贫困地区实际状况，加大投入力度，扩大实施范围。加大贫困地区新一轮退耕还林还草力度，合理调整基本农田保有量。开展贫困地区生态综合补偿试点，创新资金使用方式，利用生态保护补偿和生态保护工程资金使当地有劳动能力的部分贫困人口转为生态保护人员。对在贫困地区开发水电、矿产资源占用集体土地的，试行给原住居民集体股权方式进行补偿。

（7）加快推进法制建设。研究制定生态保护补偿条例。鼓励各地出台相关法规或规范性文件，不断推进生态保护补偿制度化和法制化。加快推进环境保护税立法。

5. 加强组织实施

（1）强化组织领导。建立由国家发展和改革委员会、财政部会同有关部门组成的部际协调机制，加强跨行政区域生态保护补偿指导协调，组织开展政策实施效果评估，研究解决生态保护补偿机制建设中的重大问题，加强对各项任务的统筹推进和落实。地方各级人民政府要把健全生态保护补偿机制作为推进生态文明建设的重要抓手，列入重要议事日程，明确目标任务，制定科学合理的考核评价体系，实行补偿资金与考核结果挂钩的奖惩制度。及时总结试点情况，提炼可复制可推广的试点经验。

（2）加强督促落实。各地区、各有关部门要根据本意见要求，结合实际情况，抓紧制定具体实施意见和配套文件。国家发展改革委、财政部要会同有关部门对落实本意见的情况进行监督检查和跟踪分析，每年向国务院报告。各级审计、监察部门要依法加强审计和监察。切实做好环境保护督察工作，督察行动和结果要同生态保护补偿工作有机结合。对生态保护补偿工作落实不力的，启动追责机制。

（3）加强舆论宣传。加强生态保护补偿政策解读，及时回应社会关切。充分发挥新闻媒体作用，依托现代信息技术，通过典型示范、展览展示、经验交流等形式，引导全社会树立生态产品有价、保护生态人人有责的意识，自觉抵制不良行为，营造珍惜环境、保护生态的良好氛围。

4.2.2　国外水生态补偿制度借鉴

目前，我国在流域生态补偿方面，理论、技术和制度建设还不成熟。国外流域生态补偿制度的发展较早，有一些成熟的操作方法和实践举措可为我国在流域生态补偿法律制度建构方面提供借鉴。国外生态补偿的主要方式可分为两大类：一类是政府直接公共补偿的生态补偿，又称为政府购买为主导或公共支付体系；另一类为市场模式的生态补偿，如自发组织的私人交易，开放的市场贸易，生态标记以及使用者付费等方式。其中，政府在生态补偿机制中起着中介的作用，市场机制的作用日益显著。

1. 完善的法律体系是水生态补偿的前提

国外典型流域生态补偿实例取得成功的前提条件是完善的法律体系。英国保护生物多样性生态补偿计划以《流域管理条例》和《野生动植物和农村法》等法律为基础，哥斯达黎加生态补偿以《森林法》等为依据，美国颁布了《田纳西河流域管理法》等。由此，包括流域管理的专门法规和水资源保护与污染防治法规在内的完善的流域生态补偿法律体系是进行流域生态补偿的前提条件，通过法律法规界定流域生态补偿框架体制机制，规范生态补偿行为和生态服务行为。

目前我国已经初步建立了包括《环境保护法》《水污染防治法》《水土保持法》《生态补偿条例》等流域生态补偿法律法规体系，同时明确了资源环境利用权利和义务等法律制度。但目前我国关于流域生态补偿的相关法律和制度还不够成熟，仍需要进一步的修订和完善。并且生态补偿条款比较分散，适用性不强，缺乏一定的针对性和系统性，执行难度很大。部分法律由于没有及时的配套措施，在落实的过程中困难重重。虽然在2014年修订并于2015年1月1日始实施的新《环境保护法》第三十一条明确提出建立健全生态补偿法律制度，但对流域生态补偿中各方利益相关者的权利与义务及责任界定，补偿内容等方式和标准规定并不明确。在内容上有一定的缺陷，没有做到像哥斯达黎加森林生态补偿制度一样对生态补偿主体、客体、标准等清晰的界定。因此，法律法规建设是建立流域生态补偿制度的首要问题。

2. 水权清晰界定是水生态补偿的基础

国际流域生态补偿实例能够取得成功的重要原因主要有以下几点：

首先在于实施流域生态补偿国家的产权制度比较完善。产权明晰有效促进了生态补偿市场交易的进行，如澳大利亚控制流域土壤盐分生态补偿，法国水质付费生态补偿和哥斯达黎加森林生态效益补偿等，皆因资源产权制度明确，而有效利用市场手段进行资源保护。

其次是政府生态服务或生态产品支付能力强。根据公共信托理论，政府是公共资源的管理者，有义务增加全社会生态产品，提高生态服务。所以政府支付能力强，有高额的财政收入，对重要的生态服务可以进行购买，支付资源所有者或资源利用权利人生态补偿费用。

最后是国外较为成熟的社会参与协商机制。水权清晰界定后，权利人可通过参与协商机制在生态补偿政策实施中切实表明各自的立场等。

由此，要实行流域水资源的生态补偿制度，很大程度依赖于能够将水资源在不同时间配置于不同部门和地区的水资源市场，水权的清晰界定是水资源市场形成的先决条件。由于水资源流动性较强，流域生态系统服务的跨区域流动性较为显著，上游粗放式的资源利用，致使下游地区水资源短缺及水环境污染严重形势越来越重，应通过生态补偿的方式，促使上游土地持有者改变土地利用方式，转变传统的工农业生产经营方式，促进流域生态系统服务的改善，下游人群将因上游提供的生态系统服务而改善了福利。

我国流域面积大，部分流域跨度较大并涉及较多的行政区域和管理部门。考虑到社会经济条件，尤其是市场经济发育程度的差异，我国需要清晰的界定水权，作为流域生态补偿的基础；但是考虑到水资源具有流动性与系统性，单一的水权界定和规制机制难以有效解决水资源问题。《中华人民共和国宪法》规定，我国水资源所有权归国家所有，所以应明确水资源的使用权、水资源的收益权、水资源的转让权，才能实现水权的界定对水资源有效配置的推动作用。

3. 补偿标准的确定是水生态补偿的核心

如何科学合理地确定补偿的标准，是进行流域生态补偿的重点和难点。国外生态补偿成功案例中，不论是政府直接公共补偿的生态补偿，还是市场模式的生态补偿，其关键环节均为生态补偿标准的合理界定。这主要是因为生态补偿标准是资源利用与生态服务提供者之间利益平衡的主要内容。生态补偿标准确定得合理，可推进生态补偿制度的不断实施。如美国纽约市政府考虑与上游进行水权交易，决定在 10 年内投入 10 亿～15 亿美元对上游 Catskills 流域投资以改善流域内的土地利用和生产方式；哥斯达黎加森林生态补偿中，通过植树提供环境服务的私有土地主可以得到约 540 美元/hm^2 的补助、保护和恢复森林提供环境服务的私有土地主可以得到平均 210 美元/hm^2 的补助等标准，规范森林所有者的生态服务行为。国外的生态补偿标准确定中主要采用机会成本法，主要考虑流域保护地区政府、企业和个人因土地利用方式和水资源利用方式的转变而丧失了发展机会的成本损失（无形的经济投入产出）。此外，流域生态补偿标准的确定还应考虑物价波动、支付主体的支付能力等各方面的相关因素。由此，要实现上下游地区的平等生存权和发展权，公正的补偿标准能更科学合理地促进公平，达到生态补偿的目标。

4. 政府与市场相辅相成是水生态补偿的主要路径

流域生态补偿是在水资源日益稀缺和水污染日趋严重的情势下，为提高水资源和水环境利用效率，在不影响经济社会发展的同时产出更多生态产品，提供更多生态服务为目的建立的一种机制。流域生态补偿可以理解为购买生态服务的经济支付，而国家及地方政府是公共资源的管理者，需要为这一服务进行支付，所以，流域生态补偿中，政府是公共补偿的主体。本书阐述的英国保护生物多样性生态补偿、德国易北河流域生态补偿等均为政府主导的生态补偿。

从世界各国生态补偿的成功经验来看，世界各国在进行生态补偿时充分发挥了市场机制的作用。市场机制的主体的确定主要是参照生态环境的供给和收益，而不是政府通过强制命令加以控制，生态补偿主体既可以是生态环境的供给者，也可以是生态环境的受益者或政府。如哥斯达黎加森林生态补偿、法国水质付费生态补偿以及澳大利亚控制流域土壤盐分生态补偿等，充分利用市场机制的作用，达到资源的优化配置。市场机制使生态补偿从政府单一主体向社会多元主体转变，从财政单一渠道向多元渠道转变，扩宽生态补偿资金渠道的同时，增强了大众的生态环境成本概念和保护生态环境意识。我国生态补偿市场机制还不够完善，在未来发展中有待加强。

因此，流域生态补偿有政府为主体的政府补偿和以市场为主体的市场补偿两种形式，两种形式相辅相成是生态补偿的主要路径。政府侧重维护国家或地区生态环境利益而进行的生态补偿，主要采用财政转移支付、政策补偿、生态补偿基金等方式。这些方式带有一定的强制性，但往往运行成本较高；市场补偿是在产权明晰的情况下，进行的产权交换，完全由政府主导，带有一定的资源性。但可达到资源优化配置，以较低的总成本实现生态产品与生态服务的供给。

目前，我国的生态补偿模式以政府为主导，根据涉及区域问题范围的大小，确定不同级别政府介入的不同程度。政府干预是市场进入良性循环的前提，是市场正常稳定运行的关键。生态补偿作为一种市场经济手段，是市场竞争规则的制定者，也是市场竞争的执法者，具有维持市场稳定方面有重要作用。政府补偿主要是通过政府的财政转移支付和政策扶植等方式来实施水资源和环境保护的补偿机制。

5. 区域合作机制是水生态补偿的重要保障

发达国家经验显示，流域生态补偿涉及了多方利益主体，是一个综合与复杂的工程。区域合作机制统筹兼顾各参与方利益，提高了流域治理决策的科学性与民主性，是生态补偿的重要保障。水的流动性、污染物的扩散性以及环境影响的区域性，导致流域生态补偿没有完全的地理界线，政府在解决外部性问题上会存在较大缺陷，因此，需要政府间进行区域合作，促进生态补偿机制顺利实施。德国易北河的流域生态补偿政策是比较典型的区域合作成功范例。1990 年易北河上游国家捷克和下游国家德国达成了共同整治易北河的协议，旨在通过区域合作的方式进行生态补偿。区域合作机制是一个有机联系的整体，合作内容十分丰富。区域合作机制消除了生态补偿的区域行政壁垒，提供了区域间差异的公共物品，创造了区域自由的外部环境，加强了地域间要素的流动和整合，通过区域合作来明确各主体权责分工，推动产业结构的调整和升级，降低资源利用强度和污染强度，推进流域资源持续发展。

目前，我国流域生态补偿的区域合作机制在实施过程中还存在着一些制约因素：首先是行政管理体制的制约，我国行政管理体制是纵向管理，没有同级行政区横向联系与合作的优势，行政管理体制造成的条块分割，各行政区独立的财政体制必然以地方的经济发展为目标，因此会产生行政区域之间生态合作的壁垒；其次是在以 GDP 为主要衡量政绩指标的体制下，受行政区利益保护主义的制约，各行政区追求利益最大化，而生态保护并不能以定量的指标来体现收益，地方保护主义的出现使上下游或左右岸政府极易从狭隘的部门利益出发，制约行政区间的生态补偿合作协议，从而不利于流域生态保护与修复。

4.3　水资源管理与评价

4.3.1　相关政策制度和法律法规

当前，工业用水、生活用水、农业用水等多种用水需求，造成水资源日趋紧张。此外，粗放型的经济发展和瑕疵的污水处理技术，导致用水安全性难以保障。水资源和水环境的问题正是生态现状的一个缩影。为了建设良好的生态环境，给予经济发展足够的内生和外在动力，继党的十七大提出了"建设生态文明"和"生态文明观念在全社会牢固树立"的目标之后，以习总书记为核心的党中央将生态文明写入党的文件，与政治文明、精神文明、文化文明和社会文明共同构成治国的核心目标。党的二十大提出，我们坚持绿水青山就是金山银山的理念，坚持山水林田湖草沙一体化保护和系统治理，生态文明制度体系更加健全，生态环境保护发生历史性、转折性、全局性变化，我们的祖国天更蓝、山更绿、水更清。在生态文明建设的大格局下，从制度保障立场细化水生态文明建设的精神要求，主要体现在以下两个向度：一是以水资源保护为导向的制度设计，水资源保护的核心制度是最严格的水资源管理制度，通过红线制度的实施，构建水资源配置、许可、有偿使用等多种活动方式，从严使用水资源；二是以水资源修复为目标的制度构建，水资源修复的主要方式是强化功能区的动态监测，以排污总量制度为中心，防止水资源的再破坏，并采取河湖健康评估、保护防护林等举措，加快水资源修复的进度。从水资源的防护和修复两条主线出发，不难发现举措的多样性。然而，举措如何落地生根、如何能够协调多元主体的利益，则需要通过法律的控制加以平衡。但目前少有学者对如何以水生态文明法治来保障水生态文明建设的实现做出具体的设计。尽管从中央到地方均有贯彻水生态文明理念的具体措施，但是形成统一的法律控制体系对于水生态文明理念的落地生根是至关重要的。只有通过法律的安定性，才能给予个人、企业行为的指导，比如引导企业产业结构转型。此外，水资源的配置和保护，多有政府干预的色彩，法治体系的建设能成为公民和经济组织体合法权益的"防弹衣"。

我国的水生态文明立法起步较发达国家晚，因此通过对发达国家水生态立法进行梳理，可以吸取和借鉴有益的经验，对进一步完善我国水生态文明立法具有积极的意义。考虑到水生态保护的地域特色，以下特选取隶属美洲、亚洲、欧洲的国家和地区进行考察。

位于北美洲的美国，因国家分权制度和法律体系的特征，环境立法呈现联邦和州二元立法的样态，并已构成保护生态环境的法律样本。由于美国联邦政府对于环境保护强有力的规制力度，因此本文主要关注美国联邦政府层面的立法。美国环境保护的主要立法，均在美国自由主义盛行的20世纪六七十年代颁布，包括美国《清洁空气法》（1963年）、《国家环境政策法》（1969年）、《濒危物种法》（1973年）、《安全饮水法》（1974年）等。

地处亚洲的日本，拥有丰富的海洋资源，水资源保护的立法是为了消解战后的公害问题。在日本战后经济高速发展的背后，公害成为威胁日本公民生命健康的"毒药"，其中因汞中毒触发的水俣病对日本民族的危害深重，引发日本环境公益团体的成长和环境保护运动。在此背景下，日本环境立法属于被动性立法，而不是源于政府对于环境保护意识的自觉。相关的水资源保护立法中，1961年颁布的《水资源开发促进法》居于首要地位，辅以《电源开发促进法》（1952年）、《水资源开发公团法》（1961年）、《河川法》（1964年）、《水质污浊防止法》（1970年）、《水源地域对策特别措施法》（1973年）等。

作为建构超国家组织、追求经济发展多赢的欧盟，对水资源保护亦形成丰富的立法经验。原隶属欧盟的英国于16世纪就制定了水法，但16世纪水环境的现状与今日不可同日而语。16世纪工业革命尚未来临，水资源与人口数量、人类用水需求的矛盾尚未尖锐。

近代以来，为了适应新时期的水资源配置和利用矛盾，英国制定了系列法令，包括《河流洁净法》（1960年）、《河流防止污染法》（1961年）、《水资源法》（1963年）、《运输法》（1968年）、《鲑鱼与淡水鱼法》（1972年）、《水法》（1973年、1983年、1989年）、《污染控制法》（1974年）等。在欧共体层面，为了协调成员国之间的生态环境、创造良好的土壤和优质的生活环境，欧共体于1975年颁布《地表水法令》。之后，2000年颁布的《水政策领域共同体行动框架》为成员国保护和开发水资源提供指引。

综上来看，发达国家的水资源保护立法具有较强的回应型特征，尤以日本的立法最为显著。在当前，水资源紧缺成为世界共同难题的时候，如何寻求全球的水生态治理是法学界需要共同为之奋斗的急迫难题。在世界共同使命的驱动下，我国法学界应尝试从本国的立法和实践中发现问题，完善水生态文明法律，走出困境。

近些年来，国家越来越重视水资源的节约与保护。2021年11月，国家发展改革委、水利部等部门印发《"十四五"节水型社会建设规划》。《规划》明确，到2025年，基本补齐节约用水基础设施短板和监管能力弱项，节水型社会建设取得显著成效，用水总量控制在 6400 亿 m³ 以内，万元国内生产总值用水量比 2020 年下降 16.0％左右，万元工业增加值用水量比 2020 年下降 16.0％，农田灌溉水有效利用系数达到 0.58，城市公共供水管网漏损率小于 9.0％。《规划》围绕"提意识、严约束、补短板、强科技、健机制"等方面部署开展节水型社会建设。提升节水意识，加大宣传教育，推进载体建设；强化刚性约束，坚持以水定需，健全约束指标体系，严格全过程监管；补齐设施短板，推进农业节水设施建设，实施城镇供水管网漏损治理工程，建设非常规水源利用设施，配齐计量监测设施；强化科技支撑，加强重大技术研发，加大推广应用力度；健全市场机制，完善水价机制，推广第三方节水服务。《规划》聚焦农业农村、工业、城镇、非常规水源利用等重点领域，全面推进节水型社会建设。农业农村节水要求坚持以水定地、推广节水灌溉、促进畜牧渔业节水、推进农村生活节水。工业节水要求坚持以水定产、推进工业节水减污、开展节水型工业园区建设。城镇节水要求坚持以水定城、推进节水型城市建设、开展高耗水服务业节水。非常规水源利用要求加强非常规水源配置、推进污水资源化利用、加强雨水集蓄利用、扩大海水淡化水利用规模。在《规划》的指导和推动下，水资源管理与保护工作取得了一定的成效。

4.3.2 水资源管理技术

探讨水资源管理技术时，从水管理指标体系、生活节水技术、农田节水技术三个方面展开讨论，如图 4.1 所示，具体如下：

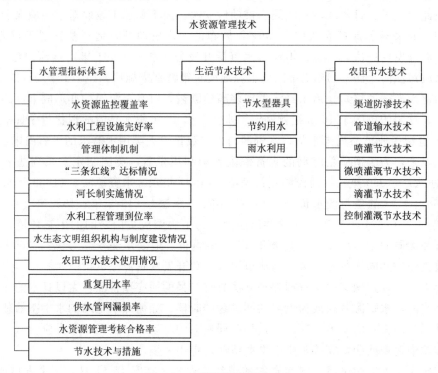

图 4.1 水资源管理技术内容

1. 水管理指标体系

(1) 县级水资源监控覆盖率。反映城市对工业和供水取用水户有监控能力，以监控工业和供水取用水户的覆盖率为标准。

计算公式：

水资源监控覆盖率＝监控覆盖的工业和供水取用水户数/总工业和供水取用水户数×100％

(2) 县、乡（镇）、村级水利工程设施完好率。管辖范围内水生态服务功能的水利工程本身质量满足安全要求。该评价指标从水利工程设施质量、水利设施设备的运行状况等方面进行评价。

计算公式：

水利工程设施完好率＝设施完好的水利工程数量/水利工程总数×100％

(3) 县级管理体制机制。指涉水部门管理机构、管理制度和人员职责。评价指标为机构健全、制度完备、人员配备合理。

(4) 县级"三条红线"达标情况。反映城市最严格水资源管理制度落实情况，评价用水总量控制指标、用水效率指标、水功能区水质达标率控制指标等达到江西省下达的指标任务。

(5) 县级河长制实施情况。主要反映河长制组织体系的完善程度及实施效果。以市级或省级的考核结果为评价标准。

(6) 乡（镇）、村级水利工程管理到位率。考核镇域范围内建成的水利工程是否有专职水利工程管理维护人员和有效的管理办法。即圩堤、水库、大坝、水闸、泵站、灌区渠道、水电站等在江河、湖泊和地下水源上开发、利用、控制、调配和保护水资源的各类工程及其配套设施。

计算方法：（已管理的水利工程数量/水利工程总数）×100％

(7) 乡（镇）级水生态文明组织机构与制度建设情况。考核是否成立专门的水生态文明镇建设工作领导小组，制定详细的相关制度与规范。

(8) 村级农田节水技术使用情况。考核村庄内农田是否运用了喷灌、微灌、滴灌以及低压管道灌溉等节水灌溉技术。

(9) 重复用水率。指在一定的计量时间（年或月）内，生产过程中的重复利用水量与总用水量之比，即重复用水率＝重复利用水量/（生产中取用的新水量＋重复利用水量）×100％。

对于串级工艺，则重复用水率＝（串级用水量＋循环用水量＋回用水量）/（新鲜水用量＋串级用水量＋循环用水量＋回用水量）×100％。

(10) 供水管网漏损率。指管网漏水量与供水总量之比，它是一个衡量供水系统供水效率的指标。漏损率的大小根据城市供水管网的长短和管网的新旧程度不同而不同。

城市自来水管网漏损率应按下式计算：

$$R_a = (Q_a - Q_{ae})/Q_a \times 100\%$$

式中 R_a——管网年漏损率，％；

Q_a——年供水量，km^3；

Q_{ae}——年有效供水量，km^3。

我国城市供水的漏损率是相当巨大的，一般在 10％ 左右，特别是部分城市由于管网陈旧失修，使漏损量加大。加强输水管道和配水管网的维护管理，降低漏损率，提高城市供水有效利用率是城市节约用水工作的重要内容之一。此指标作为中、远期指标应用。

（11）水资源管理考核合格率。考核内容包括目标完成情况、制度建设和措施落实情况。每年实行最严格水资源管理制度考核，2021 年结果公布：31 个省（自治区、直辖市）考核等级均为合格以上，其中江苏、浙江、重庆、广东、上海、广西、江西、安徽、福建、贵州 10 个省（自治区、直辖市）考核等级为优秀。

（12）节水技术与措施。

2. 生活节水技术

（1）节水型器具。根据《节水型生活用水器具》（CJ/T 164—2014）中的定义，节水型器具指"满足相同的饮用、厨用、洁厕、洗浴、洗衣用水功能，较同类常规产品能减少用水量的器件、用具"，主要包括节水型龙头、节水型便器、节水型淋浴器、节水型洗衣机等。

（2）节约用水。做到"一水多用"。"一水多用"的生活习惯能大大提高水资源的利用效率。

（3）雨水利用。在庭院中放置一个大的塑料桶，收集雨水用于庭院地面的冲洗、菜地或果树的浇灌等。雨水资源的有效利用能在一定程度上减少生活用水的消耗。

3. 农田节水技术

（1）渠道防渗技术。采用渠道防渗技术后，一般可使渠系水利用系数提高到 0.6～0.85，比原来的土渠提高 50％～70％。

渠道防渗是运用最广泛的一种农田节水技术，由于基本采用当地材料，取材容易，施工方便，对施工技术要求不高，因此适用于各类灌区的渠道改造。

（2）管道输水技术。利用管道将水直接送到田间灌溉，以减少水在明渠输送过程中的渗漏和蒸发损失。

建设内容主要包括水源提升（增压）系统、输水管道、给配水装置（出水口、给水栓）、安全保护设施（安全阀、排气阀）、田间灌水设施等。

适用于输配水系统层次少（一级或二级）的小型灌区，特别是井灌区；或用于输配水层次多的大型灌区的田间配水系统。

（3）喷灌节水技术。该技术是利用管道将有压水送到灌溉地段，并通过喷头分散成细小水滴，均匀地喷洒到田间，对作物进行灌溉。它作为一种先进的机械化、半机械化灌水方式，在很多发达国家已广泛采用。

建设内容主要包括水源提升（增压）系统、管道系统及配件、田间工程等。

适用于当地有较充足的资金来源，且经济效益高、连片、集中管理的作物种植区。

（4）微喷灌溉节水技术。利用塑料管道输水，通过微喷头喷洒进行局部灌溉。

建设内容主要包括水源提升（增压）系统、管道系统及配件、微喷头等。

微喷灌广泛应用于蔬菜、花卉、果园、药材种植场所，以及扦插育苗、饲养场所等区域的加湿降温。

（5）滴灌节水技术。滴灌是利用塑料管道将水通过直径约 10mm 毛管上的孔口或滴头送到作物根部进行局部灌溉。它是目前干旱缺水地区最有效的一种节水灌溉方式，其水的利用率可达 95%。滴灌较喷灌具有更高的节水增产效果，同时可以结合施肥，提高肥效一倍以上。可适用于果树、蔬菜、经济作物以及温室大棚灌溉，在干旱缺水的地方也可用于大田作物灌溉。其不足之处是滴头易结垢和堵塞，因此应对水源进行严格的过滤处理。

建设内容主要包括首部枢纽、管道系统及配件、滴头等。

（6）控制灌溉节水技术。根据水稻不同生育期对水分的不同需求进行"薄、浅、湿、晒"的控制灌溉，既节约用水又有利于农作物生长。它不需增加工程投资，只要按照节水灌溉制度灌水即可。

4.4 水资源智能化管理

4.4.1 智慧水务

智慧水务通过数采仪、无线网络、水质水压表等在线监测设备实时感知城市供排水系统的运行状态，并采用可视化的方式有机整合水务管理部门与供排水设施，形成"城市水务物联网"，并可将海量水务信息进行及时分析与处理，做出相应的处理结果辅助决策建议，以更加精细和动态的方式管理水务系统的整个生产、管理和服务流程，从而达到"智慧"的状态。智慧水资源管理架构图如图 4.2 所示。

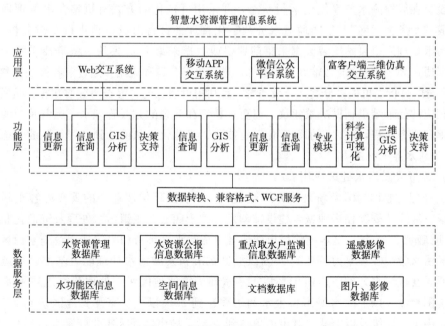

图 4.2 智慧水资源管理架构图

1. 智慧水务的优势

（1）水质安全 24 小时动态监控。

和以往的技术手段相比，物联网智能水务示范项目具有无可比拟的优越性。岷江水厂技术人员表示，物联网智能水务示范项目的子系统能直观地将制水过程，也就是净水过程展现出来。以前采用的方法是人工监控，现在则是自动化操作，方便技术人员随时掌握水质情况。

在一个大屏幕画面中，可以看到具体的地点，清楚地显示了原水浊度、pH 值等技术参数，一旦这些参数出现异常，会第一时间反映在屏幕上，该系统可 24 小时动态监测全县居民饮用水质，确保市民饮用水安全。

（2）按需分配管网调度效率高。

改变过去传统方法，物联网智能水务让管网调度更科学更高效。打开管网优化调度系统操作平台，就能清楚地看到全县各区域的供水和用水情况，它可以根据监测的实时数据和历史数据，对用水量进行预测，产生优化调度方案，辅助调度人员决策采用何种优化调度方案，保障用户用水。

例如：某个区域在某时段的用水量大，而另一个区域在这个时段却用水量小，这套系统可清楚显示，并实现动态调度。这就大大提高了调度优化效率。管网优化调度系统为水的高效、科学调度提供技术支撑，为管网规划提供数据支持。

该物联网智能水务示范项目，是"智慧双流"的结构体系下的功能模块之一，它包含水资源评价、水质监测与管理、供排水管理、防汛抗旱等。

（3）促使水务集团运营管理数字化、智能化、规范化。

在"智慧水务"理念的引导下，水务集团的管理发生了变革，它们采用数据采集、传输等传感设备在线检测水务系统的运行状态，并采用可视化的方式有机整合水务管理部门设施，形成"水务物联网"。集团通过水务数字化管理平台将海量数据进行及时分析与处理，即在各污水处理厂、泵站安装数据采集前置机或数据采集 DSP 模块，将自控系统中的生产运行数据通过 3G 网络实时传输到集团总部，进行集中存储和应用。通过对各类关键数据的实时监视和智能分析，再提供分类、分级预警，且利用短信、光、警报声等通知相关负责人，同时给予相应的处理结果辅助决策建议，以更加精细和动态的方式管理水务运营系统的整个生产、管理和服务流程，使之更加数字化、智能化、规范化，从而达到"智慧"的状态。

2. 智慧水务的应用

（1）智慧武汉污水处理应用。

污水处理行业作为国家新兴战略产业之一——节能环保产业中的重要内容受到广泛关注，国家发展改革委、住房和城乡建设部印发《"十四五"城镇污水处理及资源化利用发展规划》，明确到 2025 年，基本消除城市建成区生活污水直排口和收集处理设施空白区，全国城市生活污水集中收集率力争达到 70％以上；城市和县城污水处理能力基本满足经济社会发展需要，县城污水处理率达到 95％以上；水环境敏感地区污水处理基本达到一级 A 排放标准；全国地级及以上缺水城市再生水利用率达到 25％以上，京津冀地区达到 35％以上，黄河流域中下游地级及以上缺水城市力争达到 30％；城市污泥无害化处置率达到 90％以上。

基于物联网、云计算的城市污水处理综合运营管理平台为污水运营企业安全管理、生产运行、水质化验、设备管理、日常办公等关键业务提供统一业务信息管理平台，对企业实时生产数据、视频监控数据、工艺设计、日常管理等相关数据进行集中管理、统计分析、数据挖掘，为不同层面的生产运行管理者提供即时、丰富的生产运行信息，为辅助分析决策奠定良好的基础，为企业规范管理、节能降耗、减员增效和精细化管理提供强大的技术支持，从而形成完善的城市污水处理信息化综合管理解决方案。

武汉市污水处理综合运营管理平台，依托云计算技术构建、利用互联网将各种广域异构计算资源整合，以形成一个抽象的、虚拟的和可动态扩展的计算资源池，再通过互联网向用户按需提供计算能力、存储能力、软件平台和应用软件等服务。系统可以对污水处理企业的进、产、排三个主要环节进行监控，将下属提升泵站和污水处理厂的水量、水位、水质、电耗、药耗、设备状态等信息通过云计算平台进行收集、整合、分析和处理，建立各个环节的相互规约模型，分析生产环节水、电、药的消耗与处理水排水、生产、排放之间的隐含关系，找出污水处理厂的优化生产过程管理方案，实现对污水处理企业生产过程的实时控制与精细化管理，达到规范管理、节能降耗、减员增效的目的。

（2）智慧深圳水务。

信息化建设是促进和带动水务现代化、提升水务行业社会管理和公共服务能力、保障水务可持续发展的必然选择。近年来，深圳市水务局在水利部、省水利厅以及深圳市相关主管部门的关怀指导下，按照服务"低碳水务、安全水务、民生水务、效益水务"建设的总体要求，认真落实科学发展观，坚持"统一规划、统一标准、统一建设、统一管理"，统筹谋划信息化建设，积极推动重大工程建设，实现了水务信息化建设的跨越式发展。

在信息采集方面，已建成雨量站 63 个，水文站 32 个；建成供水水质在线监测站点 99 个，可监控全市主要供水主干管的 pH 值、压力、浊度及总氯，建成 10 座污水厂水质在线监测站点 23 个，整合政府投资和社会 BOT 模式新建的 8 座污水处理厂、1 个再生水厂的 17 个水质在线监测站数据，将全市污水处理厂的水质数据（化学需氧量、氨氮、pH 值、总磷等）纳入统一监管；建成视频监视点 118 个，并通过共享市交通部门的视频资源，可对全市中型水库、重点海堤、特区内主要河道和城区易涝易浸点进行实时监控。在网络建设方面，该局早已通过省水利专网、市政务内外网形成了连通省、市、区，包括省水利厅、市应急指挥中心、市气象局、各区水务局和三防办及大部分局属单位的网络系统，并在 2012 年重点加强与局属单位的网络互联及省水利政务外网的拓展工作。2012 年已完成市大鹏水源工程管理处、市北部水源工程管理处、市西丽水库管理处等 7 家局属事业单位的内网接入工作，正在开展将各区三防部门接入省水利专网的建设工作。在数据中心建设方面，该局已建成了水雨情、水资源、气象、基础工情、供水水质、污水水质、水土保持、政务信息和视频资源为一体的水务基础数据库，实现水务数据资源"一数据一源"；建成数据共享及交换平台，对内完成与局属单位间的水雨情数据、水质数据和视频资源的共享与交换；对外实现与市气象局的雨情数据交换，与省水利厅、市应急指挥中心的视频资源的共享，并利用深圳市统一建设的信息资源交换平台，实现了与市监察局、市行政服务大厅、市府办公厅间的行政审批、信息公开数据的共享与交换。

4.4.2 水资源监控能力建设

为建立通达、准确、高效的水资源管理信息获取渠道和管理平台，增强支撑水资源定量管理和对"三条红线"执行情况进行考核的能力，水利部决定开展国家水资源监控能力建设项目。项目第一阶段（2012—2014 年）计划用三年左右时间，基本建立与水资源开发利用控制、用水效率控制和水功能区限制纳污控制管理相适应的重要取水户、重要水功能区和大江大河主要省界断面三大监控体系，基本建立国家水资源管理系统，初步形成与实行最严格水资源管理制度相适应的水资源监控能力。

国家水资源监控能力建设项目涉及中央、流域、省（自治区、直辖市）、地市和县区五个层级的应用。系统逻辑上包括信息采集与传输、计算机网络、数据汇集和管理平台、应用支撑平台、业务应用系统、水资源监控中心和信息安全体系等部分。由于系统层次和结构复杂、信息采集点众多、各级系统之间存在大量的数据传递，因而对规范性和安全性要求很高。依据统一的标准规范开展国家水资源监控能力建设是保障中央、流域和省等各级系统之间信息互联互通和数据共享的重要基础，也是系统能顺利实施和高效运行的重要基础。

本项目紧密结合国家级水资源监控站点的监测、传输能力以及中央、流域和省（自治区、直辖市）三级水资源监控管理信息平台建设、运行、管理和维护的需要，构建了支撑国家水资源监控能力建设项目所需的标准规范体系。本项目建设了基础类、信息采集与传输类、数据资源类、空间表达类、应用支撑类和管理类等六大主要类别共计 25 部技术标准，已由国家水资源监控能力建设办公室发布实施，应用于我国各级水资源监控能力建设项目的施工、运行、管理和维护的过程中。

1. 国家水资源监控能力建设项目的重要意义

（1）项目建设是实行最严格水资源管理制度的迫切需要。2011 年中央 1 号文件明确提出实行最严格水资源管理制度，把严格水资源管理作为加快转变经济发展方式的战略举措。实行最严格水资源管理制度，要划定和落实水资源管理"红线"，严格执法监督，其关键是解决水资源管理考核体系和计量监控能力的问题，否则最严格水资源管理红线管控和量化考核将难以实现。当前，迫切需要以国家水资源监控能力建设为抓手，通过信息化手段，尽快提高水资源管理能力与技术水平。因此，国家水资源监控能力建设项目是实行最严格水资源管理制度的关键支撑，是落实"三条红线"考核的迫切需要，是实现水资源科学化、定量化、精细化的必要手段。

（2）项目建设是水生态文明建设的迫切需要。水生态文明是生态文明的重要组成部分，是建设美丽中国的资源环境基础，是生态文明的水利载体。水利部党组高度重视水生态文明建设工作，印发了加快推进水生态文明建设工作的意见，启动了全国水生态文明城市建设试点。要求以落实最严格水资源管理制度为核心，通过优化水资源配置，加强水资源节约保护，实施水生态综合治理，加强涉水制度建设等措施，大力推进水生态文明建设。通过国家水资源监控能力项目建设，建立取用水、省界水量水质、水功能区三大监控体系建设，动态掌控用水总量、用水效率和水功能区水质状况，是水生态文明建设的必要手段和重要支撑。

（3）项目建设是政府职能转变的迫切需要。新一轮政府机构改革的核心是转变政府职能，强化经济调节、社会管理和公共服务。按照国务院"三定"规定，水利部门承担着加强水资源节约、保护与合理配置，保障城乡供水安全，促进水资源的可持续利用等水资源管理职能。水资源管理面向全社会取用水用户，业务领域广，涉及部门多，是水利系统社会管理的主要窗口。目前基层水资源管理能力薄弱，计量和监控设施建设滞后，用水统计和水资源费征收缺乏计量手段，水资源费征收使用不规范，制约了水资源管理的能力和水平。加强水资源管理，首先要在技术手段上，实现取用水在线监测，饮用水源地水质预警，水功能区水质定期监测，水资源开发利用及节约保护的定量监控，为水资源社会管理和公共服务提供有效的技术支撑。

2. 实例：湖北水资源监控能力建设项目

湖北省是全国7个加快实施最严格水资源管理制度的试点省份之一，湖北省国家水资源监控能力建设项目（以下简称湖北国控项目）于2015年9月进入全面推广试运行阶段。湖北国控项目主要完成取用水、水功能区、水源地监控三大监控建设任务。取用水监控体系通过对146个重要取用水户、358个监测点实现在线监测，实现了对湖北省颁证取用水总量的78.43%重点用水户的在线监测；水功能区监控体系改造湖北省水环境监测中心及黄石、襄阳、十堰、荆州、宜昌、黄冈、孝感、咸宁和恩施9处湖北省水环境监测分中心；水源地监控体系实现对武汉、黄石、襄阳、宜昌、荆州、荆门、随州、十堰等8个国家重要饮用水水源地的水质在线监测。三大监控体系将监控数据传输、汇集到湖北省水资源监控管理信息平台。

湖北国控项目在湖北省水利厅信息中心机房的政务外网上，部署数据采集工控机，应用Web、数据交换、目录服务器，以及安全审计、数据备份等硬件设备。取水量监测信息和自动水源地监测数据通过数据自动采集与控制单元，将采集到的流量或水质数据以3G/4G无线通信方式传输到湖北省水资源监控管理平台，并通过数据交换实现中央、流域、省三级共享。水功能区人工巡测数据由各地市水文局通过湖北省水资源省级信息监控平台，录入每个月人工采样的水功能区监测数据，经省级业务管理部门审核后，数据入库并交换至中央。取用水和国控水源地自动水质站的监测数据传输和存储网络拓扑图如图4.3所示。

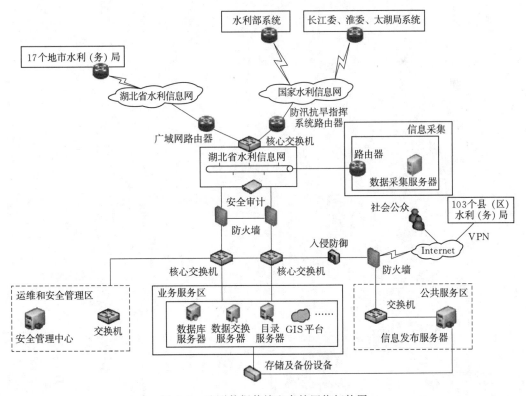

图 4.3 监测数据传输和存储网络拓扑图

　　湖北省水资源监控管理信息平台主要建设内容包括水资源信息服务、应急管理、调配决策支持等系统，业务应用、公共信息等门户，以及移动管理平台等的功能开发，还包括中央下发的三级通业务管理系统二次定制开发工作。平台根据国家水资源监控能力建设的总体规划，结合湖北省本地化需求，遵循国家水资源监控能力建设项目办公室的顶层设计，执行统一的软件开发和系统集成的相关标准和规范，满足与中央平台系统的对接要求。目前湖北省水资源监控管理信息平台功能完整，系统整体风格统一，界面友好，满足省、地市、区县三级用户业务需求，主要实现重要取用水户的取用水、地表水水功能区水质及城市饮用水水源地水质等信息的共享；实现国家、流域、省三级水资源管理业务的网络在线处理，实现上级对下级水资源管理业务的动态监管，实现三级水资源管理的业务协同，使水资源业务管理更加精细化、科学化，初步实现红线能显、现状能监、管理有措、决策有助的建设目标，使湖北省水资源监控管理信息平台成为湖北省水资源管理的枢纽和核心，成为湖北进行水资源管理的监控、数据、管理、指挥和应急的中心。

第5章 水 景 观

我国水生态文明建设的进程不断推进，实现人与水的和谐发展已经成为社会各界的共识。在进行流域开发与城市滨水生态景观建设过程中，人们也更加重视流域的景观功能。良好的流域景观环境有助于提升整体的生态环境水平，为人们营造良好的生态环境，促进人与自然的和谐。因此本章节结合生态文明，特别是水生态文明的理念，开展水景观提升相关方面的探讨。

5.1 总 体 要 求

水景观应该兼具自然系统和人工系统两方面的基础功能，在不破坏水生态系统在资源供给等方面的公共服务属性的同时，能体现生态化人工基础设施的功能，达到人与自然和谐统一。总体上应遵循以下原则：

（1）整体性原则。水系是一个复杂的系统，系统中某一因素的改变，都有可能对水景观面貌产生影响。因此，在进行景观规划设计时，首先应从整体的角度，以系统的观点进行全方位的考虑。如水土流失控制、流域治理、水资源合理利用、重大水利工程设施保护、环境污染综合治理以及城乡统筹建设规划等。

（2）生态设计原则。依据景观生态规划设计原理，水景观建设应满足水系的使用功能，尽可能地恢复其自然生态特征，增加景观异质性，保护生物多样性，构建景观生态廊道。

（3）自然美学原则。与城市景观相比，水景观具有更高的自然美学价值。形态上，规划应保持水系的自然形态，以当地的天然材料为主，既要考虑植物的喜水特性又要满足造景的需要，使环境协调统一。

（4）文化性原则。传统景观文化不仅具有朴素的自然美，而且它和人们的生产生活保持着最为直接和紧密的联系，尤其是涉及古迹、宗教、民族、宗族风俗传统等固有的人文基础，均应在尊重和保护的前提下实施景观规划设计。

（5）可行性原则。考虑各地建设资金来源及投资回报差异，在建设水景观时，要考虑建设成本适宜、管理方式简便、经济实用、可持续、可复制推广的方案。

5.2 亲 水 景 观

亲水景观

亲水景观建设不仅要满足总体要求，还要因地制宜，合理规划。亲水景观建设的主要形式为人工湿地和生态沟塘，相关技术介绍如下。

5.2.1 湿地景观技术

湿地不仅能处理污水，还能通过人为的规划设计营造出独特的景观效果，形成具备净化水质的自然生态系统，并以其独特的景观形态美、色彩美、音韵美和氛围美等内涵，给人们提供良好的绿色空间和生活环境，发挥它的生态效益、社会效益和经济效益。

1. 湿地选点

选择垃圾散放或污水排放等废弃地，根据地形和空间条件设置潜流和表流湿地，可兼具环境整治、净化水质、景观美化功能，有条件的也可作休闲游憩场所。

2. 湿地基质

参照《人工湿地污水处理工程技术规范》（HJ 2005—2010），针对人工湿地建设，应根据各地具体情况，因地制宜、就地取材。地下水位较低地区，采用素土夯实等基本防渗措施，防止地下水污染；地下水位较高地区，应在底部和侧面进行防渗处理，底部不得低于最高地下水位。当原有土层渗透系数大于 10^{-8} m/s 时，应构建防渗层，敷设或者加入一些防渗材料以降低原有土层的渗透性，防渗层可采用黏土层、聚乙烯薄膜及其他建筑工程防水材料。

3. 湿地植物选择

人工湿地植物的选择应符合下列要求：

（1）宜选用耐污能力强、根系发达、去污效果好、具抗病虫害能力、有一定经济价值、容易管理的本土植物。

（2）湿地植物应能忍受较大变化范围内的水位、含盐量、温度和 pH 值。

（3）成活率高，种苗易得，繁殖能力强。

（4）有一定的美化景观效果。

（5）配置时应尽可能考虑植物的多样性，提高对污水的处理性能，延长使用寿命。

（6）人工湿地出水直接排入河流、湖泊时，应谨慎选择如凤眼莲等外来入侵物种。

4. 湿地植物种植

人工湿地植物的栽种移植包括根幼苗移植、种子繁殖、收割植物的移植以及盆栽移植等；植物种植的土壤宜为松软黏土-壤土，厚度宜为 20～40cm，渗透系数宜为 0.006～0.084cm/d；优先选用当地的表层土种植，当地原土不适宜人工湿地植物生长时，再进行置换。植物种植时，应搭建操作架或铺设踏板，严禁直接踩踏人工湿地；植物种植时应保持基质湿润，基质表面不得有流动水体；植物生长初期，应保持池内一定水深，逐渐增大污水负荷使其适应。

5.2.2 生态沟塘景观技术

生态沟塘是以生态为理念，以水相、季相、时态、水态等方面为景观美学特征，通过在塘系统中人为建立稳定的动植物、微生物关系的食物链网，使沟塘在污水净化处理的同时实现污水资源化。生态沟塘作为水域的一种，其景观价值和景观美与水域景观价值具有相通性，是人类审美和水域景观联系的纽带，是水域景观的核心。

生态沟塘景观中的植物造景追求春花秋叶、夏荫冬枝的效果，水景则应注意季节变换而产生的不同景观效果，设计上要有一定起伏，高低错落、疏密有致。借助水面宽窄、水流缓急、空间开合把不同姿态、形韵、线条、色彩的水生植物搭配对比，使其有大有小、有高有低、有前有后，与周围环境完美契合，形成整体，展现自然与人工结合之美。

结合利用多种水生生物对生态系统进行生物调控。根据水质改善情况及水生植物恢复情况投放滤食性鱼类和观赏性较好的花鲢、锦鲤等；投放底栖动物，如螺蛳、蚌等，构建完善的水生态系统，达到水质净化和资源化、生态效果等综合效益，使整个水面景色显得韵动十足，生机盎然。注意水生植物的覆盖度应小于水面面积的30％。

生态沟塘景观建设中除了选用上述湿地植物以外，还需选择生长在陆地上的耐湿乔灌木进行搭配，如水杉、水松、木麻黄、蒲葵、落羽松、池杉、大叶柳、垂柳、旱柳、水冬瓜、乌桕、苦楝、枫杨、榔榆、桑、梨属、白蜡属、香樟、棕榈、无患子、蔷薇、紫藤、南迎春、连翘、棣棠、夹竹桃、丝棉木等，这些植物有较强的耐水性，且有防风固土的作用。配置这些植物，可以使整个沟塘生态系统物种更为丰富，增加系统的稳定性，形成的林下空间可以作为居民的游憩场所。

5.2.3 人工湿地＋生态沟塘景观技术

在空间允许的情况下，可同时设置人工湿地和生态沟塘，形成人工湿地＋生态沟塘景观，建立和发展良性循环的生态系统，充分考虑动植物物种的生态位特征及污水净化功能特点，合理配置一个具有高效净水功能的协调稳定的复层混交立体动植物生态群落。形成人与自然的协调发展、和谐共生，体现自然元素和自然过程。

在设计时，除了注重生态功能和景观功能，还需考虑其休闲娱乐功能。将文化元素融入景观设计理念，配置亲水平台及步道、石桌石凳、园亭等休息娱乐设施，营造人文、景观与休憩娱乐相协调统一的环境，使污水处理工程成为居民休闲游憩的场地，实现污水净化的景观效应。

5.3 滨岸带景观建设

滨岸带景观

滨岸带景观建设主要指护坡和驳岸建设，在保证防护功能的前提下应具备一定景观效果。

5.3.1 护坡

护坡方法的选择应依据坡岸用途、构景透视效果、水岸地质状况和水流冲刷程度而定。主要方法有铺石护坡、灌木护坡和草皮护坡。生态型护坡景观能产生自然、亲水的效果。

5.3.2 驳岸

1. 驳岸形式的选择

驳岸形式会直接影响湿地景观区的可持续发展。驳岸除支撑和防冲刷作用之外，还可以通过不同的形式处理，增加驳岸的变化，丰富水景的立面层次，增强景观的艺术效果。

驳岸形式一般可分为混凝土驳岸，石砌驳岸，水泥砖砌岸，网箱式驳岸，桩基驳岸，竹篱驳岸、板墙驳岸，自然式土岸，混合式驳岸等。

（1）混凝土驳岸。这是混凝土浇注形成的一种驳岸，常用在城市河道整治中，乡村河道整治中尽量不采用此形式。

（2）石砌驳岸。这是用天然石块堆砌成的驳岸，可分为规则式和自然式。规则式石砌驳岸线条较生硬、枯燥，但容易形成空间感，显得整洁；自然式石砌驳岸线条呈曲线，与原有的岸线能完美结合，景观效果更贴近自然，便于游人开展亲水活动，且石块与石块之间形成的孔洞既可以种植水生植物，又可以作为两栖动物、爬行动物、水生动物等的栖息地，从而形成一个复合的生态系统。自然式石砌驳岸既能满足景观的要求，又能满足生态的要求，是一种非常适合湿地驳岸改造的形式。

（3）水泥砖砌岸。水泥砖砌岸用机制水泥砖铺成，水泥砖可分为无孔砖和有孔砖，无孔砖砌岸景观效果与规则式石砌驳岸类似，对湿地生态功能也起减弱作用。有孔砖能护坡固土，孔中可种植水生植物，也能作为各种动物的栖息场所，容易形成一个水岸生态群落，对湿地的生态功能影响较小。

（4）网箱式驳岸。这是目前处理湿地驳岸最新的一种方式。蜂巢护垫与蜂巢网箱采用镀铝、锌金属网箱为主要护岸材料，网箱内填充碎石、种植土、肥料及草籽等。护垫具有整体性和柔韧性，既能抵御水流动力牵拉，又能适应地基沉降变形。它综合了土工网和植物护坡的优点，在坡面构建了一个具有自身生长能力的防护系统，植物的根系可以穿过网孔均衡生长，长成后的草皮使护垫、土壤和植物牢固地结合在一起，有效抑制暴雨径流对边坡的侵蚀，而且达到草坡入水的景观效果。

（5）桩基驳岸。它由桩基、卡挡石、盖桩石、混凝土基础、墙身和压顶等几部分组成。桩基是我国古老的水工基础做法，在水利建设中应用广泛，是一种常用的水工地基处理手法。当地基表面为松土层且下层为坚实土层或基岩时最宜用桩基。其特点是：基岩或坚实土层位于松土层下，桩尖打下去，通过桩尖将上部负荷传给下面的基岩或坚实土层；若桩基打不到基岩，则利用摩擦桩，借摩擦桩侧表面与泥土间的摩擦力将荷载传到周围的土层中，以达到控制深陷的目的。卡挡石是桩间填充的石块，起保持木桩稳定的作用。盖桩石为桩顶浆砌的条石，作用是找平桩顶以便浇灌混凝土基础。基础以上部分与石砌驳岸相同。

（6）竹篱驳岸、板墙驳岸。竹篱、板墙驳岸是另一种类型的桩基驳岸。驳岸打桩后，基础上部临水面墙身由竹篱片或板片镶嵌而成，适于临时性驳岸。竹篱驳岸造价低廉、取材容易，施工简单，工期短，有一定使用年限，凡盛产竹子（如毛竹、大头竹、勤竹、撑篙竹）的地方都可采用。施工时，竹桩、竹篱要涂上一层柏油，目的是防腐。竹桩顶端由竹节处截断以防雨水积聚，竹片镶嵌直顺紧密牢固。

由于竹篱缝很难做得严实，这种驳岸不耐风吹浪击、淘刷和游船撞击，岸土很容易被风浪淘刷，造成岸篱分开，最终失去护岸功能。因此，此类驳岸适用于风浪小、岸壁要求不高、土壤较黏的临时性护岸地段。

（7）自然式土岸。指在原有驳岸的基础上，按照景观设计的要求，对驳岸的空间形态、植物景观加以改造，使其在保持原有生态功能的前提下，满足游人观赏游玩的要求。

这是一种对原有湿地驳岸改动最小的驳岸形式。自然式土岸也因处理手法的不同而呈现不同的景观，一般处理手法有堆石法、浚潭法、枯木法、植栽法等。自然式驳岸应该是乡村水生态建设中主要提倡推广的形式。

（8）混合式驳岸。在实际设计过程中，根据现场情况及需求，可采用上述多种形式进行混合搭配。

2. 驳岸湿地景观的生态设计

驳岸湿地是与陆路接触的部分，是水生态系统向陆地生态系统的过渡地带，也是游人进行亲水活动的主要场地。驳岸的结构形态不仅影响到湿地生态功能的发挥，也影响湿地的景观效果。

在保护和利用现有的植被条件下，建立一个由乔灌林、草滤带、挺水植物带、沉水植物带和漂浮植物带组成，与"水体-湿地-滨水景观-陆地景观-人工环境"的模式相适应的完整植物景观生态系统。在进行植物搭配时，根据丰水期和枯水期水位变化，合理设置植物结构，并充分考虑植物的季相性，尤其要注意落叶树种的栽植，尽量减少水边植物的代谢产物，以达到整体最佳状态。农村驳岸湿地景观的生态设计需因地制宜，尽量在原有基础上进行生态设计，尽可能地减少对自然生态的破坏，降低建设成本。

植物是驳岸生态系统的基本成分之一，也是视觉景观的重要因素之一。在植物种植设计时，一方面要考虑植物的独有性和观赏价值等外在因素，另一方面要重视栽种该植物后的植株生长效果、湿地的运行效果、生长表现以及对生态的安全性等。

植物配置结构主要为乔＋草、灌＋草、乔＋灌＋草三种模式，根据地形及空间，相应调整乔、灌、草植物比例。

5.4 绿化景观建设

充分利用现有自然条件基础，尽量在劣地、坡地、洼地布置绿化，植物配置宜选用具有地方特色、易生长、抗病害、生态效应好的当地品种。重视古树名木的保护。绿地建设宜结合村口、公共中心及沿主要道路布置。有条件的集中绿地应适当布置桌椅、儿童活动设施、健身设施、小品建筑等，丰富居民生活。

县城绿化应是在中国传统园林和现代园林的基础上，紧密结合城市发展，适应城市需要，以实现整个城市辖区的园林化和建设国家园林城市为目的的一种新型园林，实现"城中有乡，郊区有镇，城镇有森林，林中有城镇"。

城镇和农村以种植树木为主，少植草皮，按照适地适树原则，以乡土树种为主，可种树、植竹、栽果，注重环境协调并方便日常维护管理。同时要充分做好村旁、路旁、宅旁、水旁的绿化，不留死角，增加绿化数量和类型，防止水土流失。对宅院及宅间空地要以种植经济植物、果树为主。兼顾观赏、遮荫等功能。

5.4.1 水景观

县城和城镇水景观设计可在进行城市防洪工程建设的同时，在水体上游建设橡胶坝或跌水工程，在非汛期形成河湖水面，增加湿地。在满足雨季泄洪要求的前提下，从生态和景观两个方面考虑，以不规则自然河岸形式结合复层绿化，创造优美、质朴的郊野景观，形成良好的自然生态系统。

　　农村水景观的营造要同农村的农田景观、村庄聚落形态相协调，使水景观融入农村的自然景观，为自然景观增色；其次，要满足农村居民的实际需求和审美需求。应合理利用地形，保持田园风光。结合民俗民风，展示地方文化，体现乡土气息，形成地方特色。通过在农田与水体之间设置适当宽度的植被缓冲带、在农田景观区适当增加湿地面积、在地形转换地带建立适当宽度的树篱与溪沟等，针对农村地区的资源与环境条件，开发推广切实可行、因地制宜的较低成本的污水处理技术。

5.4.2　建筑风貌

　　水生态文明建设在建筑风貌方面可以根据区域整体风格特色、居民生活习惯、地形与外部环境条件、传统文化等因素。确定建筑风格及建筑群组合方式。建筑风格应整体协调统一，并能体现地方特色。住宅应以坡屋顶为主，尽量运用地方建筑材料，形成较鲜明的地方特色。

5.4.3　景观文化

　　景观文化不仅要体现出自然朴素、醇厚优美和深沉博大，而且要和人们的平凡生产生活保持着最为直接和紧密的联系。县城景观文化要发掘景观文化营造观所展现的当代价值，把渔樵耕读、琴棋书画和福禄寿喜等以最质朴的方式体现出来，归纳出一套尊重生活、生态自然、具有文化特质的新模式。

第6章 水 文 化

无水则无江，无江则无谓江东江西。水是人类生活的重要资源，人类文明大多起源于大江大河流域。水造就了所有民族的历史，自从人类社会形成以后，水与文化便不可分离，人水关系伴随着人类社会发展的始终。

文化兴则国运兴，文化强则民族强。党的十八大以来，党中央对文化建设工作高度重视，特别是把文化自信和道路自信、理论自信、制度自信并列为中国特色社会主义"四个自信"。党的十九届五中全会从战略和全局高度对我国文化建设作出规划，明确提出到2035年"建成文化强国"，党的十九届六中全会通过的《中共中央关于党的百年奋斗重大成就和历史经验的决议》强调，要"推动中华优秀传统文化创造性转化、创新性发展"，党的二十大报告再次强调要"推进文化自信自强，铸就社会主义文化新辉煌"。水文化是中华优秀文化、社会主义先进文化的重要组成部分，也是水利事业不可或缺的重要内容。

习近平总书记明确指出："一个国家、一个民族的强盛，总是以文化兴盛为支撑的，中华民族伟大复兴需要以中华文化发展繁荣为条件"，先后对保护、传承、弘扬、利用黄河文化、长江文化、大运河文化作出一系列重要指示批示，明确提出统筹考虑水环境、水生态、水资源、水安全、水文化和岸线等多方面的有机联系，为水文化建设提供了根本遵循和行动指南。

"十四五"时期，是开启全面建设社会主义现代化国家新征程、向第二个百年奋斗目标进军的第一个五年。进入新发展阶段、贯彻新发展理念、构建新发展格局，水利事业肩负着为人民群众提供持久水安全、优质水资源、健康水生态、宜居水环境和先进水文化的历史使命，须将水文化与水安全、水资源、水生态、水环境统筹考虑。水利行业作为发展水文化的主力军，要深入贯彻落实习近平总书记"节水优先、空间均衡、系统治理、两手发力"治水思路，紧紧围绕治水实践，以保护、传承、弘扬、利用为主线，以黄河文化、长江文化、大运河文化为重点，积极推进水文化建设，为推动新阶段水利高质量发展凝聚精神力量。

6.1 水文化内涵

水文化的内涵
及指标体系

6.1.1 水文化的概念及与人类的关系

1. 水文化的概念

水文化，是指人类在生存生活过程中与水发生关系所生成的各种文化现象的总和，是民族文化以水为载体的文化集合体。水文化的实质是人在涉水活动中产生的人与水的关系，以及人水关系影响下人与人之间的关系。人水关系伴随着人类发展的始终，涉及社会生活的方方面面。经济、政治、科学、文学、艺术、宗教、民俗、军事、体育等各个领域，均蕴含着丰富的水文化因子，水文化具有深厚的内涵和广阔的外延。

2. 水文化与人类的关系

世界文化源远流长，水势滔滔的尼罗河孕育了灿烂的古埃及文明；幼发拉底河的消长荣枯明显地影响了古巴比伦王国的盛衰兴亡；地中海沿岸的自然环境，显然是古希腊文化的摇篮；流淌在东方的两条大河——黄河与长江，则滋润了蕴藉深厚的中原文化和绚烂多姿的楚文化。可以说每条河流和每个湖泊都有自己的故事，每座城市都有水源及水的故事，如杭州的西湖与钱塘江、上海的黄浦江与苏州河、武汉的长江与汉江、北京的永定河、天津的海河，等等。弘扬城市或者地区水文化，就是从中找出人水和谐的规律和道理，探索人类经济社会可持续发展之路，同时给人们带来创新、休闲和幸福生活的环境。

水文化是人类社会实践的产物，人是创造文化的主体，涉水活动是产生水文化的源泉。而水作为一种自然资源，自身并不能生成文化，只有当人类的生产生活与水发生了关系，人类有了利用水、治理水、节约水、保护水以及亲近水、鉴赏水等方面的实践，有了对水的认识和思考，才会产生文化。同时，水作为一种载体，通过打上人文的烙印，构成十分丰富的文化资源，包括：物质的——经过人工打造的水环境、水工程、水工具等；制度的——人们对水的利用、开发、治理、配置、节约、保护以及协调水与经济社会发展关系过程中所形成的法律法规、规程规范以及组织形态、管理体制、运行机制等；精神的——人类在与水打交道过程中创造的非实在性财富，如水科学、水哲学、水文艺、水宗教等。与此同时，这些在人水关系中产生的特色鲜明、张力十足的文化成果，反过来又起到"化人"的作用——通过不断汲取水文化的养分，能滋润心灵世界，培育"若水向善，乐水进取"等品格和情怀。

6.1.2　水文化的结构

水文化的基本结构，是指各类水文化内容之间彼此交错联系而形成的一种系统的框架和结构。水文化作为人类文化的重要组成部分，是一个庞大的文化体系。水文化可以划分为物质水文化、制度水文化及精神水文化三大方面。

1. 物质水文化

物质水文化，是指人类在饮水、用水、治水、管水、赏水等实践活动中创造的物质财富的总和，是人们水观念的外在、具体的表现形式。主要包括融入人们思想情感的水形态、水工具、水工程、水环境、水景观等。

水工具是人们在用水、治水、管水、护水、节水等过程中创制出的各种器皿、用具，如人类为了繁衍生息所发明的汲水、储水、饮水等工具。汲水工具如竹筒、木桶、葫芦、皮口袋、陶器、铁筒、辘轳、压水井、机电抽水机等；储水工具如水槽、陶瓮、水缸、水箱、水壶等；煮水器具如陶罐、陶壶、铁锅、铁壶等；饮水器皿如陶碗、陶杯、陶壶、葫芦瓢、竹筒、瓷（铁）碗、瓷（铁）杯等。

水工程是在江河、湖泊和地下水资源上开发、利用、控制、调配和保护水资源的各类工程建筑。人类在与水相依的同时，还要与水害进行抗争，在除害兴利的过程中，水工程应运而生。著名的有以郑国渠、都江堰为代表的灌溉工程，以黄河大堤、荆江大堤、洪泽湖大堤为代表的防洪工程，以灵渠、京杭运河为代表的水运工程，以江浙海塘为代表的海塘工程等，这些都是中华先民用勤劳和智慧铸就的水利丰碑。20世纪80年代以来兴建的引滦入津、黄河小浪底、新安江、长江三峡、南水北调等大型工程，堪称现代水利工程中的经典之作。

水景观中，河流、湖泊、水库、井泉、池塘、瀑布等，经过打上人文的烙印，体现出的奔腾向前、浩瀚无垠、汩汩涌冒、一泓清流、飞流直下等形态面貌，构成了多彩多姿的水景观，在物质和精神上影响着人们的生活。

2. 制度水文化

制度水文化，是指人们对水的利用、开发、治理、配置、节约、保护以及协调水与经济社会发展关系过程中所形成的法律法规、规程规范以及组织形态、管理体制、运行机制等构成的外显文化，是水文化的格式化和规范化。

制度水文化中最显要的部分是法律法规体系。秦汉以后，出现了专门的水利法律法规，比如汉朝的《水令》、唐朝的《水部式》、北宋的《农田水利约束》、金朝的《河防令》等。当代，经过多年的努力，形成了以《中华人民共和国水法》为核心的较为完备的水法规体系。

中国古代的水利职官制度，包括管理水利的政府机构、官职设置、权力授予、决策程序和运行机制等，相沿成习，代有发展，深深渗透到国家机器之中。比如，夏商周三代，我国司水的官称为冬官或水官。秦汉时，中央政府水利事务分别由太常、少府、大司农掌管，地方的郡县也"置水官，主平水"，称都水缘或都水长；还有由皇帝临时指派的河堤都尉、河堤使者、河堤谒者等，或负责赈济水灾工作，或主持堵复决口等事宜。隋唐以后，逐渐形成了条块结合、分工明晰的水行政与专业管理体系。再如，明清时，鉴于黄河、淮河、运河等河道管理和漕运的重要性和复杂性，创立了河漕总督制度，并逐渐形成了完备的管理体系。从清代起，河道总督与漕运总督的责任严格分开，漕运总督只管漕粮运输，河道总督负责黄河、运河、永定河等河道的治理。

在我国，民间以乡规民约形式实施的用水分配与管理，也是水制度文化的重要组成方面。例如，我国古代对农田灌溉渠道的管理，除干渠外，支渠、斗渠以下，一般由民间管理，管理者多为乡村德高望重者，称渠长、堰长、头人、会长、长老等。渠长等管理人员的主要职责，除了调配水量，保证公平外，还有组织渠道维修养护劳动、计收水费等。

3. 精神水文化

精神水文化是指人类在与水打交道过程中创造的非实在性财富，主要包括水科学、水风俗等。古代各国曾经产生过众多的水神，有江神、河神、湖神、海神、泽神、池神、泉神等，祈雨是中华水崇拜的重要表现形式，中国传统文化中的有大量水传说和故事，如东海龙王，这些神话、传说和习俗都是传统水文化中的重要内容。大禹治水、西门豹治邺、李冰父子与都江堰、贾让治水三策等都是科学治水的经典，至今指导着水利人治水和管水。

在漫漫的历史长河中，水不仅是哺育人类生命的乳汁，也是滋润人类精神与灵魂的甘泉。道家的开山鼻祖老子则把水放在哲学层面来审视，以至于有人说老子的哲学就是水性哲学，在老子眼中，水性如"道"，他说："上善若水，水利万物而不争，处众人之所恶，故几于道"；战国末期的大儒荀子说："冰，水为之，而寒于水""不积小流，无以成江海"，强调学习做事循序渐进，终将实现从量变到质变的突破。治水活动不仅参与了中华物质文明的创造，而且参与了精神文明的创造。古代的大禹治水"身执耒锸，以民为先，抑洪水十三年，三过家门而不入"的献身精神，疏堵结合、以疏为主的科学治水思想等，现代的红旗渠精神、"98"抗洪精神，都已成为中华民族精神的重要组成部分（图 6.1）。

图 6.1　精神水文化

水文化的三大基本结构互相联系、互相作用、互相促进，构成一个有机联系的整体。物质水文化是水文化的外在表现和载体，是制度水文化和精神水文化的物质基础；制度水文化是水文化的规范化和格式化，对物质水文化和精神水文化的形成具有重要影响；精神水文化是一种观念形态的水文化集合，在整个水文化体系中处于核心和灵魂的地位。物质层面的文化是"易碎品"，很容易在自然和人为的风吹雨打下"风化"、改变甚至消失；制度层面的文化具有相对的稳定性，革故鼎新需要较长的时间；精神层面的文化则最为稳定，变化缓慢，甚至千年不易，历久弥新。

6.1.3　水文化的属性

属性是指某种事物所具有的性质和特点，水文化的属性表现在社会属性、政治属性、时代属性、民族属性、地域属性等方面。

1. 社会属性

水与人类社会的生产生活关系最为密切，由人类涉水活动而生的水文化，可谓色彩斑斓，洋洋大观，水文化具有广泛的社会性。

（1）哲学领域：水在人类探索世界万物本源时扮演着十分重要的角色。《管子·水地》认为"水是万物的本原"。

（2）经济领域：水是农业的命脉、是工业的血液、是交通的载体等，涉及社会经济的各个领域。

（3）医学领域：古人视水为百药之王，把水疗作为廉价、简单、实用的保健措施。汉代医学家张仲景在《伤寒论》中提到："水入于经，其血乃成。"今人也越来越重视"水疗""水补"及"水药"在养生和调治某些病中的作用。

（4）军事领域：护城河等水体具有重要的军事防御功能，以水防守、绝水御敌、以水代兵的战例可谓屡见不鲜。中国古代的城大多是城池并重，也有通过筑坝拦断河水或开渠将河水改道以断绝敌军水源或凿暗道泄放敌军用水等。

（5）宗教领域：水被赋予清洁身心、净化灵魂等寓意。如基督教，把洗礼即教徒加入教会的仪式作为新生的象征，施行方式主要有洒水礼和受浸礼；佛教中观音菩萨的形象是一手执柳枝、一手执净瓶，表示观音能普施甘露，普度众生。

(6) 风俗领域：由于水与人们的生产、生活息息相关，因而衍生了"水味十足"的民风民俗，如天旱祈雨、三月三水边祓禊、端午节龙舟竞渡、七夕沐浴汲圣小、中元节放河灯等。

(7) 体育领域：与水相关的体育活动有赛龙舟、游泳、垂钓、滑冰、滑雪、跳水等，体育与水文化在交融中迸发出神奇的魅力。

(8) 文学艺术领域：水对中国传统文学艺术有着巨大的影响。水既是文学艺术表现的对象，又是启迪文心和艺术匠心的源泉。诗是中国古代文学最早出现，也是最重要的表现形式之一。《诗经》中记述古代劳动人民在江河两岸劳动生息的诗篇有六七十首之多。"坎坎伐檀兮，置之河之干兮，河水清且涟猗""蒹葭苍苍，白露为霜。所谓伊人，在水一方""关关雎鸠，在河之洲"。李白近1000首诗，有470余处出现"水"，杜甫所作的1400首诗，有370余处与水相韵，白居易的2900余首诗，有760处牵系水景。在我国成语中，也有大量与水有关的典故或比喻，如"水流云散""水流花谢""水阔山高""水枯石烂""水尽山穷""水洁冰清""水火相济，盐梅相成""水火不兼容""水可载舟，亦可覆舟"等。

2. 政治属性

水的特殊性决定了水文化与政治有着无法分割的关系，突出表现在治水、祭水和水情折射政情等方面。

中国自大禹治水催生了中国历史第一个王朝国家以后，通过治理江河、兴修水利，才逐渐在平原地区扎下根来，进一步开疆拓土，繁衍人口，发展经济，推动社会的文明进步。"善治国者必先治水"，中国历史上各个王朝的统治者，无不把兴修水利作为施政的要务，从来不把"治水"作为单纯的技术问题，而是作为重大的政治问题来对待。"国之大事，在祀与戎。"早在商周时代，祭祀与战争就成国家政治生活中的两件最为重要的大事，祭祀的对象是天地日月、名山大川、祖先等，祭祀的目的是祈求各路神灵保佑农业丰收、六畜兴旺、战争胜利、工程告成、健康长寿等。在周代，长江、黄河、淮河、济水等四条独流入海的河道就成了周天子祭祀的对象，在对水神的祭祀方面，除地位崇高的大江大河之神外，海神、湖神、泉神、井神等也成了人们崇拜的对象，官民同祭，一直延续至近代。

古代社会，水情一直是王朝政治兴衰的"晴雨表"。"昔伊、洛竭而夏亡，河竭而商亡。……山崩川竭，亡之征也。"流域大面积干旱引发自然灾害，由于当时人类抵御自然灾害的能力有限，加之统治者救灾不力和政治腐败，遂使大旱成为导火索，引发社会动荡，导致了政权的垮台。但古人在"天人感应"的观念下，把河川枯竭与夏、商的灭亡联系起来。有此前车之鉴，后世不少统治者颇重视"天意"，如果老天示警降下水旱等灾害，帝王就会深刻反躬自省，并采取斋戒、祭天、减膳、释放宫女、救济饥荒、罢免有过官员、平反冤狱、大赦天下、求直言甚至下《罪己诏》等方式，来弥补政治缺失，并求得老天的宽恕。老天示警，修德免灾。

3. 时代属性

任何文化都是历史长河中不断继承、发展和积淀的产物，不同时代所处的生产力水平以及世情、水情等方面的差异，使水文化在不同的时代也呈现出不同的样式和特征。

原始社会时期，人类为了生存，既想利用水，依江河而居，又害怕水灾，尽量在江河的台地或离江河稍远的丘陵高地一带居住。其文化特征是消极地"趋利避害"，这一阶段，水多人少，水强人弱，水和自然界其他自然力共同主宰着人类的命运，人被动地适应水，与水的关系处于一种原始的和谐状态。

进入农业文明社会后，人类在敬畏自然、顺应自然的基础上，开始在一定范围内改造自然，以营造理想的生存空间。在遵循水的自然规律的同时，通过治水活动防水之害取水之利，如建设较大型的防洪、灌溉和航运工程。黄河大堤、都江堰、京杭大运河，堪称中国古代水利工程的典范，分别代表农耕文明时代水利的三个重要功能：防洪、灌溉、航运。

随着工业文明的出现，人类改造自然的能力得到空前的提升，人与自然的关系从一种较为和谐的状态逐渐发展为一种以人为中心的征服与被征服的关系。在"让高山低头，让河水让路"的观念主导下，一度对水的侵害达到了无以复加的地步，不但与河湖争水争地，而且大肆向河湖排污，致使不少地方有水皆污。

面对资源紧缺、环境污染严重、生态系统退化的严峻形势，人类在痛定思痛之后，开始自觉地调整天人关系，并向中国传统文化的精华——"道法自然、天人合一"归复，逐渐变征服自然、改造自然为尊重自然、顺应自然、保护自然。我国进入 21 世纪后，明确提出生态文明建设的奋斗目标，强调既要"金山银山"，也要"绿水青山"，以重构"天人和谐"的新境界。对水资源的开发利用，既要"水利"，也要做到"利水"，从而形成良性循环，使水可持续地"利人"，进而达到"人水相应"，实现人水和谐。

4. 民族属性

不同民族所处的特殊地理环境和生存方式，使他们在适应水、治理水、利用水的过程中，产生了一系列的亲水、敬水、节水、护水等行为，并以宗教、习俗、禁忌和乡规民约等形式表现出来。傣族、纳西族、回族等少数民族在用水风俗习惯方面尽显不同的特色。泼水节是傣族最富民族特色的节日；沐浴成为回族最重要的风俗之一，既是爱清洁、讲卫生的需要，也可以修养心性、德性。

5. 地域属性

地域文化是指特定区域源远流长、独具特色，传承至今仍发挥作用的文化现象，是特定区域的生态、民俗、传统、习惯等表现。生态环境决定文化形态，一定的生态类型与一定的文化形态相对应，正所谓一方水土养一方人、一方水土孕育一方文化。

6.2　水文化遗产的发掘与保护

我国的水文化历史悠久、形式多样、内涵深刻，水文化遗产具有重要的历史、文化、科学、艺术、经济和水利功能。中华民族五千年治水史创造了光辉灿烂的水文化，留下了弥足珍贵的水文化遗产。

根据水利部调查数据显示，我国现存水文化遗产 56582 处，其中，水利工程与设施共计 3337 处，井泉池塘 18627 处，涉水祭祀建筑物 2751 处，涉水交通设施 31736 处。现存的水文化遗产，分布超过 5000 处的省份有四个：浙江 8617 处、四川 5266 处、江西 5126 处、广东 5051 处。这些文化遗产承载着中华民族的悠久历史，凝聚着中华民族的辉煌创造，镌刻着中华民族的伟大精神，是水文化传承的重要载体，也是中华民族的文化瑰宝。表 6.1 为成都水文化遗产资源类型划分，表 6.2 为陕西省水文化遗产一览表（仅列举西安市）。

表 6.1　　　　　　　　　　　　　成都水文化遗产资源类型划分

类	亚类	基本类型	典 型 资 源 名 录
物质类水文化遗产	水利工程	水利工程综合体	都江堰水利工程、都江堰渠首工程（鱼嘴、宝瓶口、飞沙堰）、湔江堰、通济堰、人民渠引水工程、东风渠引水工程、府河南河综合整治工程、沙河综合整治工程、三合堰进水枢纽、玉溪河引水工程、石堤堰枢纽、紫坪铺水库
		堤坝渠堰闸	文脉堰、锦江、走马河、蒲阳河、柏条河、江安河、金河、府河、南河、九里堤遗址（糜枣堰）、青白江干渠、清水河干渠、黄金堰、古佛堰、沙沟河、黑石河、邛江堰、正科甲巷古排水渠、杨柳河干渠、徐堰河干渠、肖家河、龙爪堰、通济堰水渠、安乐堰、徐公堰
		桥涵码头	万里桥、驷马桥、安澜索桥、锦官驿遗址、黄龙溪古码头、东门码头、二江寺古桥、乐善桥、兴隆桥、虹桥、都江堰南桥、九眼桥、安顺廊桥、红星桥、养马渡口、二仙桥遗址、东风大桥、海螺古桥群、三星镇利济桥、东门大桥（濯锦桥）
		池塘井泉	白莲池（万岁池）、文君井、薛涛井、洛带八角井、状元井
		水力器械	且家碾、曹家水碾、陈家水碾
		水文设施	都江堰水则、都江堰卧铁、石桥古镇洪水位刻线
		工程管理机构	贯子山（玉虹桥）水电站、成都自来水一厂、三县衙门、三皇庙水文站、蒲阳河水文站、江安河水文站、宝瓶口水文站、柏条河水文站
	水景观	河流湖泊	岷江（成都段）、沱江（成都段）、升仙湖、三岔湖、石象湖、朝阳湖、金河、沙河、湔江、白沙河、文井江、桤木河、斜江河、南河、北河、绛溪河、凤凰河、青龙湖、百工堰水库、白塔湖、竹溪湖、龙泉湖（石盘水库）、宝狮湖水库、张家岩水库、邛江河、金堂峡
		水文化场所	浣花溪公园、蜀锦工坊、罨画池、百花潭公园、新都桂湖、新繁东湖、望江楼公园、水井街酒坊遗址、新津斑竹林、湔江水利风景区、新津白鹤滩湿地、离堆公园、棠湖公园等
	水文化建筑设施	坛庙寺观亭	江渎庙遗址、二王庙、伏龙观、合江亭、望丛祠、先主寺、川王宫（大邑）、奎光塔、回澜塔、淮口瑞光塔、镇江寺、镇国寺塔（镇江塔）、圣德寺白塔、散花楼、大慈寺、都江堰文庙、三昧禅林、新都白水寺木兰寺、老子庙三官殿等
		名人故居、祠堂、墓园	官家花园、杨氏宗祠、望丛祠望帝陵、望丛祠丛帝陵
		雕像、石刻、碑碣	李冰石像、石犀、川南第一桥碑、佛子岩石刻、北斗七星柱、桂湖石碑、锦江石牛、龙藏寺内大朗和尚筑堰治水功德碑、桂溪寺祭文碑、德政坊、东汉郭择赵汜碑、东汉堰工石像、二王庙安流顺轨碑、二王庙饮水思源碑
		水灾害遗迹	红桥村护岸堤遗址、方池街遗址、指挥街周代遗址、东阳桥遗址、锅底沱
		水边聚落遗址	摩诃池遗址、古百花潭遗址、金沙遗址、新津宝墩遗址、街子古镇双河遗址、芒城遗址、鱼凫村遗址、郫县古城遗址、羊子山祭祀台遗址、古蜀船棺合葬墓遗址、东华门遗址、十二桥遗址、江南馆街唐宋街坊遗址、鼓楼北街遗址、城守东大街遗址、内姜街遗址、蒲江飞虎村船棺墓葬遗址、邛窑遗址、新都水观音商周遗址、红桥遗址、福感寺遗址

续表

类	亚类	基本类型	典型资源名录
物质类水文化遗产	水文化建筑设施	古村古镇	五凤溪古镇、洛带古镇、平乐古镇、黄龙溪古镇、城厢古镇、弥牟古镇、元通古镇、街子古镇、石桥古镇、灌县古城、三道堰镇、夹关古镇、海窝子古镇、新场古镇、连二里市、赵镇古镇、彭镇、西来古镇、怀安军遗址、弥牟古镇、泰安古镇、悦来古镇
非物质类水文化遗产	水利技艺	水利技艺	竹笼、杩槎制作技艺、干砌卵石工程技艺
	文献遗产	档案文书及法规制度	都江堰治水三字经、六字诀、八字格言，唐《水部式》等
		其他文献	《贺江神移堰笺》《堤堰志》《合江亭记》《高俭传》《宋史·河渠志》《导水记》《淘渠记》《元史·河渠志》《蜀水经》《蜀水考》《钱公堤记》等
	文学、艺术与传说	文学、艺术与传说	鳖灵拓峡、李冰父子降服孽龙等
	水文化活动	历史人物、事件及记忆	大禹治水、开明治水、李冰治水、文翁治水、高骈改府河（二江抱城）、东灌工程建设事件、解玉溪、锦江传说、李元著《蜀水经》、施千祥铁铸牛鱼嘴、卢翊大修都江堰、吉当普铸铁龟镇水、贺龙指挥解放军抢修都江堰、丁宝桢大修都江堰
		民俗节庆和纪念活动	都江堰放水节、浣花日（大游江）、望从祭祀活动、沱江号子、府河号子、客家水龙节火龙节、赛龙舟、《道解都江堰》剧目、龙舟技艺（文化）、二王庙庙会、成都锦江龙舟赛、望丛赛歌会

表 6.2　　　　　　　　　　陕西省西安市水文化遗产一览表

类型	池、湖、库	峡、溪、瀑、河	泉、井、潭	洞、渡、渠、坝	桥	亭、碑	其他
水文化遗产名称	西安鱼化湖、丰庆宫遗址、兴庆宫遗址、昆明池、太液池、曲江池、上善池、翠华山湫池、镐京滈池、丰京灵沼、渼坡湖	西安护城河泾渭分明	梆子井、广运潭、西安甜水井、咽瓠泉、华清池温泉、蓝田东汤峪温泉、曲江寒窑遗址公园三姐泉	漕运明渠、通济渠、沣惠渠、涝惠渠、黑惠渠、普华古堰渠、蓝田孟村干沟留淤坝、黄土岭涵洞	古灞桥遗址、东渭桥遗址、沣河秦渡镇大桥西桥		蓝桥河引水工程、白马谷引水工程、库峪河引水工程、汤峪河引水工程

6.2.1　水文化遗产的内涵

水文化遗产为人类在水事活动中形成的具有较高历史、艺术、科学等价值的文物、遗址、建筑以及各种传统文化表现形式，是物质水文化遗产和非物质水文化遗产的总和。水文化遗产是水文化传承的核心价值和表现形式，是我国文化遗产的重要组成部分，是人类治水文明的深刻体现和突出代表，是历史留存下来的宝贵财富，具有重要的价值。

6.2.2　水文化遗产的价值

水文化遗产的价值可以从以下五个方面来理解。

1. 历史文化价值

水文化遗产是人类水事活动中的遗存物，是人类治水历史和社会发展的见证，不同的历史时代、不同地域、不同民族呈现出不同的历史文化特征。水文化遗产具有重要的历史文化价值，表现在三方面：

(1) 记录历史文化。非物质文化遗产当中许多记录人类的水事活动，表述了人类与水的关系，广泛流传于民间的神话、传说、史诗、歌谣、文学、故事中含有大量的水事历史题材，是水文化遗产的重要内容。

(2) 表征社会发展水平。水文化的历史性、时代性可以表征出古代的总体社会经济发展水平，一方面水事活动可以体现古代社会经济状况、农业生产水平，另一方面通过人与水的协调关系可以透视社会政治、文化艺术和哲学思想。

(3) 传承优秀文化成果和精神思想。水文化是中华民族文化的母体文化，融合和集聚了中华儿女优秀的劳动创造和文化成果，是民族文化的精髓。"治国者必先治水"，治水理念经提炼后可以形成治国理念，甚至可以上升为哲学思想，并对宗教信仰、道德文化、人生哲理产生深刻影响。

2. 艺术价值

水文化遗产当中有许多凝聚着人类的艺术成果，有的甚至成为艺术珍品。水文化遗产的艺术价值主要体现在建筑设计、美术工艺、风景园林、文学戏曲等方面。运河两岸的街巷弄堂大多沿河而筑，形成了一条条水巷街道，房屋多为骑楼和木楼瓦屋，古桥数量众多，造型精美，船只、码头、茶楼、河埠、仓库林立，评话、弹词以及水上的"欢歌渔唱"等民间曲艺盛行，具有运河人家的独特韵味。

3. 科技价值

水文化遗产的科技价值是古人在社会实践中所形成的对自然、社会的认知和创新。我国一些文化遗产充分展示了古代社会较高的科技水平。属于世界文化遗产的中国大运河工程利用河道自然弯道引力，解决了引水、泄洪和排沙的统一性问题，充分展示了古代水利工程设计上的科学性和创造性。江西省泰和县的槎滩陂（图6.2），采用先进的设计理念和完善的古代水利工程管理制度，使得这座水利工程虽历千年风雨，仍发挥着显著的灌溉效益。

4. 经济价值

水文化遗产由于凝聚了人类的劳动和智慧，具有较高的历史、艺术和科学价值，是人类宝贵的物质和精神财富，属于稀缺性文化资源，因此具有重要的经济价值。水文化遗产作为旅游业和经济社会发展的重要资源，正逐步受到重视，并得到

图6.2　江西泰和槎滩陂

图 6.3 京杭大运河

开发利用。文化旅游近些年来发展迅猛，水文化遗产在其中发挥了重要的作用。各地通过文化搭台、经济唱戏，起到示范引领的作用，带动了社会经济的发展。

5. 水利功能价值

水文化遗产尤其是重要的水利设施具有一定水利功能，有的至今仍然发挥着重要的作用，承担着防洪、排涝、通航、灌溉、引水等功能。如都江堰仍灌溉着成都平原，京杭大运河（图 6.3）仍然是南北水运的重要航道。

6.2.3 水文化遗产保护利用措施

1. 开展重要水利遗产调查

开展全国重要水利遗产调查工作，鼓励各地利用空间地理信息等技术手段开展遗产调查。科学构建水利遗产的分类体系，制定统一的调查规程和标准等规范文件。系统整合各地区各单位已有调查成果数据，补充开展未实施水利遗产调查区域的调查工作，推进全国水利遗产名录建设。启动水利遗产保护标识工作，有序推进已调查认定的水利遗产标识设立工作。

2. 推动重要水利遗产申遗

推动重要水利遗产申报"世界文化遗产""世界自然遗产""世界灌溉工程遗产""全球重要农业文化遗产""中国非物质文化遗产"等世界和国家级遗产名录。对列入相关名录的水利遗产，做好跟踪指导和后续利用，充分发挥水利遗产的社会文化功能与示范作用。

3. 组织开展水利遗产认定工作

启动国家水利遗产认定工作，重点认定一批治水特色鲜明、历史文化及科技价值重大、安邦惠民价值突出的水利遗产。完善国家水利遗产认定的标准、程序及管理办法，强化国家水利遗产管理工作的科学性和规范性。发挥地方政府主体作用，将水利遗产保护纳入本级国民经济社会发展规划，充分发挥水利遗产在本地区经济社会发展中的作用，实现水利遗产保护传承利用协调推进的目标。鼓励各地积极开展省级、市级水利遗产认定工作，强化水利遗产系统性保护。

4. 强化水利遗产保护的技术支撑

充分发挥科研机构、高校现有的水利遗产保护重点实验室、重点科研基地等技术支撑平台作用，深入开展水利遗产保护理论与技术研究。针对水利遗产分类保护修复等关键工作，研究编制系列技术标准规范，指导具体保护工作的实施。推动水利遗产保护相关规范制度的修订。

5. 开展非工程类水利遗产保护前期工作

积极推进非工程类水利遗产的分类、特征、价值及其保护问题与措施等方面研究。启动非工程类水利遗产的调查工作，重点对水利古籍文献善本、水利历史档案、水利历史碑刻题刻、历史水利管理建筑设施或遗址遗迹、河源文化及河流故道线路遗址遗迹、禹迹等重要水利人物相关文化遗存遗迹、传统水利科学技术等开展前期挖掘、调查及抢救性保护，推进研究构建非工程类水利遗产分类调查数据库。

6.3　水　文　化　教　育

随着《水文化建设规划纲要（2011—2020 年）》《"十四五"水文化建设规划》等政策文件的颁布，水文化建设进入一个新的发展时期。水文化建设包括理论研究与实践应用两大领域，犹如鸟之两翼，缺一不可。就水利实践来看，水文化应用主要体现在工程规划、设计、施工、管理等环节。除此之外，还有一个重要方面就是加强水文化教育，水文化教育是促进理论研究与实践结合的有效途径。

6.3.1　水文化教育的概念

广义的水文化教育是人们在水事活动中进行的以水为载体的各种教育的总和，是文化教育中以水为核心的教育集合体。把水文化的教育作为公民品德与社会教育的重要内容，既传播了中华民族的优秀文化，又使学生及社会公众在水文化教育中心灵上得到启示、品德上得到提升。

水文化教育概念提出的初衷是实现人与自然的永续相处，"人水和谐"是水文化教育的核心价值观。在当代的水资源开发、保护、利用中，需要强化全社会的水文化教育意识，这种意识是当代社会保护水资源，人类社会可持续发展的文化基础。从表面看，水危机的产生是人类社会不断向水与自然过度索取的结果。而从更深的层面分析，水危机的产生是水文化教育发展滞后和缺失所致，水文化教育是解决水危机的基础性工作。

6.3.2　水文化教育的意义

《水文化建设规划纲要（2011—2020 年）》指出："把水文化教育列入水利院校教育课程体系，并作为水利系统职工教育培训的重要内容。""针对不同对象，分层次、有重点地开展水文化教育。"《"十四五"水文化建设规划》指出，"鼓励各级各类水利院校探索有效的水文化教育模式，将水文化课程纳入水利专业必修课，融入学校的人才培养、学科建设和办学理念中，创新以水文化为载体的教学课堂、素质拓展课堂和实践课堂体系，使水利院校成为传承和弘扬水文化的重要阵地。在中小学、高校和党校等课堂传授水文化知识。统筹利用水文化的历史遗存、革命文物、水情教育基地等资源，开展丰富多彩的水文化研学实践和科学普及等活动。支持各地根据实际需要编写适合中小学生、具有地方特色的读本读物。"

中共中央非常重视水利事业的发展，尤其是 2011 年中央一号文件《中共中央 国务院关于加快水利改革发展的决定》中指出："加大力度宣传国情水情，提高全民水患意识、节水意识、水资源保护意识，广泛动员全社会力量参与水利建设。把水情教育纳入国民素质教育体系和中小学教育课程体系，作为各级领导干部和公务员教育培训的重要内容。"

解决我国日益严重的水问题，不仅要充分利用现代科学技术，也需要从水文化教育的角度审视思想和观念、目标和行动、政策和方略，正确认识水的功能，注重水文化教育建设，全面发挥水文化教育的作用。

水文化教育将凸显水利与社会、水利与经济、水利与文化、水利与历史、水利与环境的相辅相成。水文化教育对形成人人"安全用水、节约用水、生态用水、文明用水"的良好氛围，促进资源节约型、环境友好型社会建设的意义重大。尤其是水文化教育中的文学艺术成分具有良好的美育功能，有利于提高人们的审美情趣，陶冶情操和武装头脑，对人们的精神文化有潜移默化的推动作用。全面实施水文化教育已成为高校大学生素质教育的重要内容，水利院校应积极探索水文化教育的实施途径，为构建人水和谐的文明社会做出积极贡献。

6.3.3　水文化教育的内容

水文化教育的内容即由我国的水历史、水文化、水资源、水警示、水法规、节水知识、水利科技、社会实践等构成，并以教化、存史、熏陶、怡情、传播等功能演绎水文化教育。

水文化教育资源包括：

（1）流域及流域上的水利工程，如江、河、湖、湿地等自然资源；分蓄洪工程，如护城河、水利风景、水利遗址等名胜古迹。这类水文化教育资源具有认知、启智、审美、怡情以及思想政治教育和实习实训等教育功能。

（2）历代管水治水的文献资料。中华人民共和国成立以来有关水事活动的政策法规、管理办法，以及与水有关的乡规民约等。这类水文化教育资源具有培养民主精神，进行法制教育，形成自律意识，加强行为约束，引导探究学习等教育功能。

（3）人们在利用水、治理水、开发水、保护水和欣赏水的社会生活实践中形成的思想观念、价值体系、科学知识、民间故事、杰出人物、民族精神等。这类水文化教育资源具有品德教育、习惯养成、情感熏陶、精神激励等教育功能。

（4）工业节水、农业节水、生活节水的方法及节水的法规。这类水文化教育资源具有提高学生的节水意识、培养节水习惯等教育功能。

6.3.4　水文化传播

水文化具有独特的地域性，水文化的发展不仅需要继承祖先的水文化智慧，还需要吸收借鉴各种外来的水文化精髓。如何传播水文化影响决定了本地域文化的发展方向和速度。水文化传播的途径主要有以下几种形式。

1. 新闻出版

通过新闻出版传播水文化的研究成果。水利部与各地市创刊的水文化刊物为广大水利工作者和关心水文化的社会各界提供了一个探讨、研究、互动的窗口平台。1995 年，中国水利文协和松辽委创办了《水文化》刊物；2007 年，由中国水利职工思想政治工作研究会、水利部精神文明建设指导委员会办公室主办的《水利职工思想政治工作研究》更名为《中国水文化》。此外，还有《大江文艺》《三峡论坛》《浙江水文化》《江西水文化》

《广东水文化》《江河》《东西南北水文化》等杂志，以及《中国水利》、《水利发展研究》、《水利经济》、《河海大学学报》（社科版）、《华北水利水电学院学报》（社科版）、《三峡大学学报》（社科版）、《南昌工程学院学报》、《治淮》、《海河水利》、《北京水务》、《江苏水利》等刊物开设的"水文化"专栏。

长期以来，这些水文化刊物坚持正确的办刊方向，宣传党的方针政策，宣传可持续发展治水思路，宣传水利发展改革成就，宣传"献身、负责、求实"的水利行业精神，弘扬主旋律，唱响正气歌，建设水文化，发挥了十分重要的作用。

2. 水文化研讨会、论坛

举办研讨会、论坛等活动逐步扩大水文化影响力。除中国水利文协先后召开了五次全国性的水文化研讨会之外，许多省市也先后成立了水文化研究组织，举办了各种形式的水文化研讨会、论坛等活动。长江水利委员会每年的"长江之春艺术节"都把征集水文化论文、开展水文化研讨作为重要内容。

3. 水文化节

开展水文化节，推出"水文化"节专题活动。2006 年世界水日的主题是"水与文化"。我国"水文化"节的专题活动也层出不穷，推陈出新。如泰州举办的水城水乡国际旅游节，桂林国际山水文化旅游节，常州"留住一桶水——节水达人"，杭州大运河文化节，平湖新埭泖水文化节，都江堰清明放水节等水文化节系列活动。

4. 水文化主题广场

建设水文化广场，打造水文化长廊，彰显水文化的魅力与胜景。都江堰水文化广场、浙江绍兴护城河的文化广场、天津海河文化广场、渭河水文化长廊、南京秦淮河风光带建设、贡水文化长廊、泰安市天平湖公园水文化长廊、泰州市区水环境建设等都融入了水文化的丰富内涵，大大提高了水利工程的文化品位，成为传承水文化的重要载体。运河杭州段是江南水文化遗产的长廊，其本身就是一件古老的文物——两岸古老的街巷建筑、名人史迹、风俗掌故、神话传说等，构成了一个庞大的运河历史文化群落，成为杭州文化历史宝库中不可或缺的组成部分。

5. 水利风景区

水利风景区是水文化传播的重要渠道。水利风景区在维护工程安全、涵养水源、保护生态、改善人居环境、拉动区域经济发展诸方面都发挥着重要作用，实现了生态环境效益、经济效益和社会效益的有机统一。水利风景区吸引人的地方还在于在这里人们能够触摸到由人与水和谐共处所形成的水文化。不论是体现人类改造自然、驯服水害的宏伟的水利工程，还是供游人休闲娱乐的优雅舒适的人工景观；不论是风景区地关于水的各种传说逸闻，还是当地各种特有物品和特有工艺，都具有无可比拟的人文价值。把这些治水文化、工程文化和当地的特色文化深度挖掘、巧妙组合，展示给旅游者，给游客留下深刻印象，使水文化得到有效的传承。

6. 水文化主题博物馆

水利博物馆、水文化博物馆成为传播水文化的重要阵地。全国各地建设了一批水利博物馆、水文化博物馆，如中国水利博物馆、黄河水利博物馆、京杭运河博物馆、宁夏水利博物馆；扬州水文化博物馆、上海黄浦江水文化博物馆、长江水文化生态博物馆、滨州水文化馆等，并将水利博物馆、水文化博物馆建设成"全国青少年爱国主义教育基地""全国节水示范基地""大中专院校教学实习基地""环境保护示范基地""文化产业发展示范基地"。

7. "互联网＋"水文化传播

随着网络技术的快速发展，互联网成为传播水文化的重要载体。为配合联合国"生命之水"国际行动，2007 年中国水利职工思想政治工作研究会创办了中国水文化，2012 年 11 月水利部新闻宣传中心主办的水利宣传与水文化网开通，2018 年 9 月水利文明网改版上线……目前，全国涉及水文化内容的网站已达 30 多个，初步估计约有十万项水文化的选项，受众的覆盖面和内容的辐射面是传统媒体难以做到的。要把水文化的丰富资源与现代数字、网络技术结合起来，充分利用网上即时通信群组、微信、微博、抖音等互动平台的功能优势，使互联网技术为传播水文化服务。

6.4 水 文 化 传 承

6.4.1 开展水文化基础理论与实践研究

深入挖掘黄河治理的发展演变、精神内涵和时代价值，加强黄河文化保护传承弘扬的方法、路径、策略研究。深入研究长江文化内涵、特征及传承，挖掘长江治理保护历史经验与时代价值。挖掘大运河历史价值，传承大运河文化的生命力和精神内涵。开展流域和区域的水文化研究、史前水利与文明起源研究，追溯水文化历史起源，坚定文化自信。鼓励相关科研院所、高等院校、相关社会团体及专业研究机构广泛开展各类调查研究、专题研究和专项攻关，形成一批标志性研究成果，出版一批学术著作。

6.4.2 开展水文化研究交流活动

聚集学术力量，构建水文化研究平台。依据重点江河高质量发展的要求，举办黄河文化、长江文化、大运河文化等学术研讨交流活动。依托水利遗产保护与研究国家文物局重点科研基地、中国水利学会、中国水利史研究会等研究机构开展中国水利史和水文化的学术交流，搭建高层次、高水准的水文化对话交流平台。

6.4.3 开展重要历史治水名人推介活动

研究挖掘历史治水人物的相关治水事迹、治水理念、治水方略、治水精神等文化内涵，推广宣传"历史治水名人讲堂""历史治水名人有声故事"。以历史治水名人为原型，开发制作形式多样的文创产品和科普作品，通过群众喜闻乐见、生动通俗的形式，传播治水名人故事，传承弘扬科学治水理念和为民治水精神，增进文化认同，增强文化自信。

6.4.4 加强水利史志编撰

做好水利史资料的收集整编工作，充实水利史志记载手段，提高史志编撰质量。组织编撰《中国水利通史》《中国古代水利法规选编》编撰工作；积极促进首批"中华名水志文化工程"高质高效完成，推出一批名水志精品著作，推动地方水利史志出版。推进史志资料的信息化、数字化、网络化、现代化建设，创新开发史志资源应用方式，发挥水利史志传承水文化和纪实、存史、资治、教化等方面的功能。

6.4.5 加强党领导人民治水红色资源的保护与传承

加强对中国共产党领导人民治水历程的系统梳理和挖掘，开展具有红色基因的水利遗产资源调查，纳入水利遗产名录。提高革命文物和红色遗迹保护水平，结合革命文物保护利用工程，推进对中国共产党领导人民治水红色资源的系统性保护。结合长征文化线路及国家文化公园建设工程，依托爱国主义教育基地等平台和载体，针对原中央苏区、陕甘宁边区等开展水利遗产保护与展示工程。开展"人民治水·百年功绩"推荐宣传活动，展示在中国共产党领导下的具有重大历史意义的治水成就。推动重要革命根据地围绕治水主题进行展览展示馆建设，对江西瑞金山林水利局旧址等革命文物和红色遗迹以适当方式进行提升改造，展示具有红色基因水利遗产资源的丰富文化内涵。

6.4.6 专群结合传授水文化知识

鼓励各级各类水利院校探索有效的水文化教育模式，将水文化课程纳入水利专业必修课，融入学校的人才培养、学科建设和办学理念中，创新以水文化为载体的教学课堂、素质拓展课堂和实践课堂体系，使水利院校成为传承和弘扬水文化的重要阵地。

在中小学、高校和党校等课堂传授水文化知识。统筹利用水文化的历史遗存、革命文物、水情教育基地等资源，开展丰富多彩的水文化研学实践和科学普及等活动。支持各地根据实际需要编写适合中小学生、具有地方特色的读本读物。

6.5 水 文 化 弘 扬

6.5.1 加强水文化成果展示

依托水利工程设施、流域水文化展馆、地方水文化特色场馆等载体，构建水文化展览展示体系。加强全国重要水文化展览展示场所建设，形成布局合理、功能完善的水文化展示利用设施体系，举办主题鲜明、形式多样的水文化展陈活动，全方位、多视角诠释水文化丰富内涵、精神实质和时代价值。鼓励已有的水文化展览展示场所以改造升级为主，进一步提升保护研究、展示教育和传播水平。依托"互联网＋中华文明"行动计划，加强水文化数字化产品制作和推广。开展水文化展馆数字化建设工作，采取人工智能（AI）、虚拟现实（VR）等新技术手段，让水文化阵地与载体从"线下"走向"线上"，使水文化"动"起来"活"起来。

6.5.2 加强水文化传播

依托中央和地方主流媒体、行业媒体及网络新媒体，结合水利工作重要时间节点，抢抓重要水利政策出台的契机，以刊发专题报道、组织主题采访活动和定期发布等方式，宣传水利重大成就和典型经验、水文化阶段性成果，向社会公众传播水利好声音。水利行业报、刊、网、微信公众号、微博等平台将水文化传播作为重要内容。重点培育水利部网站、水利部官微、中国水利报、中国水利杂志，以及中国水文化网、水文化杂志等行业媒体，弘扬传播水文化。

做好水文化著作和音像作品编辑出版工作。编辑出版一系列水文化科普教育读物，为水文化教育提供支撑。鼓励支持水文化主题电影影片、广播、电视、短视频及网络视听节目的创作制作，丰富水文化传播形式，提升水文化传播社会影响力。

组织形式多样的水文化主题活动。开展水文化进社区、进机关、进企业、进基层系列活动，展示内涵深刻、丰富多彩的水文化。开展"最美家乡河""节水中国行"等主题宣传活动，支持地方政府开展各具特色的水文化主题活动，如"江苏最美水地标""大禹祭典""都江堰放水大典""汨罗江龙舟赛""钱塘江唐诗之路"等。

6.5.3 推进水文化与水利行业精神文明创建融合发展

加强水利单位文化建设，逐步推动将水文化建设融入水利精神文明单位评选过程。积极开展"时代楷模""最美水利人"等全国和水利系统重大先进典型的选树和宣传。加强水利行业的诚信教育引导，建设诚信水利。以"维护河湖健康"为主题，推进"关爱山川河流"志愿服务行动，不断壮大水利志愿服务队伍，让社会主义核心价值体系深入人心，不断提高水利职工干部文化素养。

6.5.4 繁荣水利文学艺术

围绕党中央及水利部党组重大决策部署，以重点水利文艺主题作品为推进方向，大力开展水利文艺创作。服务水利中心工作，推动创作一批蕴含时代精神、水利特色的水利文学艺术精品力作。组织文学、美术、书法、摄影和音乐舞蹈戏剧工作者等文艺、文学创作者深入大江大河、水管单位、水利建设一线采风，挖掘治水理念、治水故事、治水人物、治水成就等内容，创作文艺、文学作品。通过举办丰富多样的水利文艺节展活动，开展水利主题文学作品征文，举办水利主题演讲比赛、文艺汇演等活动，讲好中国故事水利篇。

6.5.5 推进水文化交流

抓住共建"一带一路"等契机，充分利用国际水事活动和国际水组织平台，加强国际水文化合作交流。创新宣传与交流手段，开发一批对外水文化宣传产品，传播中华治水理念、治水经验，讲好中国治水故事，传播好中国水利声音，提升中国水文化的影响力。加强与联合国涉水组织的联系。

6.6 水工程与水文化有机融合案例

近年来，我国水利事业蓬勃发展，涌现出一批富含水文化元素的精品水利工程，展现了治水兴水的人文关怀和文化魅力。为充分发挥典型水工程在水文化建设中的示范作用，水利部自 2016 年起至 2023 年，在全国水利系统先后开展四届水工程与水文化有机融合案例征集展示活动，评选出四川省都江堰水利工程等 10 个第一届水工程与水文化有机融合案例、陆水试验枢纽等 12 个第二届水工程与水文化有机融合案例、黄河三门峡水利枢纽工程等 15 个第三届水工程与水文化有机融合案例、丹江口水利枢纽工程等 20 个第四届水工程与水文化有机融合案例。

这些案例，有力地挖掘了水工程的文化内涵，讲好了水工程的文化故事，彰显了水工程的文化功能，丰富了水工程的文化环境。

党的二十大从国家发展、民族复兴的高度提出"推进文化自信自强"，就"繁荣发展文化事业和文化产业"作出部署、提出要求，为做好新时代新征程水文化工作提供了根本遵循、指明了前进方向。通过借鉴水工程与水文化有机融合案例先进经验，结合水利工程建设实际，为新阶段水利高质量发展提供有力文化支撑。现摘录四川省都江堰水利工程及江西省峡江水利枢纽工程两例水工程与水文化有机融合案例。

6.6.1 四川省都江堰水利工程

1. 基本情况

都江堰水利工程（图 6.4）位于四川省成都市都江堰市灌口镇，是中国建设于古代并使用至今的大型水利工程，被誉为"世界水利文化的鼻祖"。都江堰水利工程是由秦国蜀郡太守李冰及其子率众于公元前 256 年左右修建的，是全世界迄今为止年代最久、唯一留存、以无坝引水为特征的宏大水利工程，也是全国重点文物保护单位。2000 年联合国世界遗产委员会第 24 届大会上，由于都江堰水利工程历史悠久、规模宏大、布局合理、运行科学且与环境和谐结合，在历史和科学方面具有突出的普遍价值，因此被确定为世界文化遗产。

都江堰渠首枢纽主要由鱼嘴、飞沙堰、宝瓶口三大主体工程构成（图 6.4）。三者有机配合，相互制约，协调运行，引水灌田，分洪减灾，具有"分四六，平潦旱"的功效。

(a)鱼嘴　　　　　　　　　　(b)飞沙堰　　　　　　　　　　(c)宝瓶口

图 6.4　都江堰水利工程

2. 工程文化建设做法和成效

都江堰的水文化体系建设包括了都江堰水利工程的文化精髓和都江堰管理局的单位文化建设，也就是都江堰物质文化、行为文化、制度文化、精神文化的总和。

（1）都江堰物质文化建设与成效。

都江堰 2270 多年的历史积淀了丰富的物质文化基础，都江堰渠首三大工程、竹笼、杩槎、干砌卵石、都江堰闸群……无不体现了科学治水和与时俱进的文化内涵。当代都江堰人又将这一文化内涵融入工程建设管理、发展单位环境文化、建设都江堰爱国主义教育基地等，传承和发展了新的物质文化。

都江堰之所以两千多年运行不辍，就是因为始终与时俱进地将科学治水思想贯穿于都江堰的建设和管理之中。在漫长的农业文明时代，社会生产力水平的相对落后和长期停滞，使社会对水资源的需求处于低水平状态。都江堰采用竹笼、杩槎等水工技术满足了成都平原的用水需要，催生了美丽富饶的天府之国。20 世纪中叶，随着工业文明时代的到来和灌区社会经济的迅猛发展，都江堰水资源的需求目标也发生了巨大的变化。为了适应不断扩大的用水需求，都江堰利用现代技术，以机械化的水闸和标准化的渠系取代了传统的工程技术，水资源利用效率大幅度提高。与此同时，通过多年的扩（改）建工程建设及续建配套与节水改造，灌区主要病险工程和"卡脖子"工程得到有效治理，工程抗灾能力明显增强，供水保证率进一步提高。经过中华人民共和国成立后 60 多年的建设和发展，都江堰浇灌了四川 1/3 的农田，生产了四川 1/3 的商品粮食，养活了四川 1/3 的人口，同时还担负着灌区内城镇供水、防洪、发电、水产、种植、旅游、生态、环保等多目标综合服务的任务。在当下的信息时代，面对中国实现全面建成小康社会的目标，面对粮食需求增加和生态环境质量下降的压力，把水的问题放到人口、资源和环境协调发展的社会大背景下进行重新审视，努力建设民主化、数字化、法制化和节水型灌区，寻求一个既满足当代人的需要，又不对满足后代人需求的能力构成危害的水利可持续发展的新模式。

每年清明，都要举办盛大的"都江堰放水节"，发扬都江堰传统文化魅力，宣传都江堰水利工程现代发展规划，这个节日已经被列入国家首批非物质文化遗产。在文化建设中，也形成了很多物化的成果。例如，都江堰水利博览馆运用光电、声音、幻影成像等技术，通过大量图片、实物、模型，充分展示了都江堰丰富的物质文化内涵；在都江堰鱼嘴设立了由江泽民同志题写碑名的"都江堰"碑，彰显都江堰的丰功伟绩；在飞沙堰建成了"都江堰实灌一千万亩纪念碑"，在松潘县境内的岷江源头设立"岷江源"碑，示以珍惜、保护岷江水源，确保都江堰永续利用，实现人水和谐。

（2）都江堰制度文化建设与成效。

都江堰 2270 多年永葆青春，不仅在工程技术上科学治水、与时俱进，更是在运行和管理中尊重科学规律，不断积累总结经验，不断完善维修管理制度。这些制度及法规极大地丰富了都江堰的制度文化的内容。

都江堰工程管理制度集中体现在"三字经""六字诀""八字格言"等古老的维护管理制度上。传统的"三字经""六字诀""八字格言"的治理方法，起到了引水灌溉、分洪减灾的作用，维系了都江堰 2270 多年的持续发展。近代，又提出了《都江堰流域兴利除害计划书》《都江堰流域堰务管理处办事细则》等制度，逐步开始了对都江堰立章建制的规范管理。近年来，针对都江堰的灌溉面积不断增加，各类用水需求不断增长。在春灌用水期间，岷江来水水量正值枯期，而灌区用水又是高峰期，用水矛盾十分突出的情况，都江堰在供水上坚持"水权集中、统一调度、分级管理"的原则，灌区供水计划的执行调度权由都江堰管理局行使，灌区各管理处及其各管理站负责有关干渠的输水和支渠的配水工作，并按指定地点执行交接水制度，实现了灌区的均衡受益。与此同时，都江堰民主协商用水计划的制度、水情测报制度、轮灌制度、水费征收制度、工程岁修制度等各项制度都建立健全，使都江堰水利管理各项工作都有制度可循。都江堰还制定了"五个必须""五个不准"的用水纪律，确保各项用水制度的落实。都江堰的发展伴随着工程管理、水量分配、水费征收等制度的不断发展和完善，正是用制度规范的行为，保持了都江堰经久不衰，确保了都江堰2270多年来的持续利用。

都江堰历来就依法管理。早在蜀汉时期，诸葛亮在灌区九里堤颁布了《护堤令》，是为我国最早的江河管理通告。中华人民共和国成立后，20世纪50—70年代，都江堰管理主要依据水利政策和规章制度，80年代则主要依据《中华人民共和国水法》等国家和省的普遍法。1997年6月16日，酝酿已久的《四川省都江堰水利工程管理条例》正式颁布实施，这标志着都江堰水利管理走上了法制化轨道。2003年，又以修订后的《中华人民共和国水法》等法律法规为依据，对《四川省都江堰水利工程管理条例》进行了修正，以加强水利工程和水源的统一管理和保护、厉行节约用水和水质保护，强化法律责任等为重点，既适应现代水法规的发展趋势，也适应都江堰水利现代化的要求。

（3）都江堰行为文化建设与成效。

历代治蜀者均以治水为重，而治水者又以治都江堰为重。都江堰之所以2270多年可持续发展，是因为历代水利人励精图治、不断创新，当代水利人也继承了这一鼓励创新、弘扬先进的行为文化。

先进的单位行为文化是劳动者德才水平、献身精神、事业心和责任感的集中体现，它不是自发产生的，而是劳动者对单位长期实践经验认识和社会发展要求的结果。作为迈入新世纪的水利工程管理单位，都江堰管理局十分重视鼓励创新行为，增强单位对外竞争力。鼓励广大干部职工积极参加生产和社会实践，以自己的新思想、新观念、新思维和新的价值取向，投入到科技创新行为之中去。在水利管理手段上，引入了"数字都江堰"系统，及时把握水情，远程监控水闸，增强了水量调度的准确性、科学性；在工程建设上，继承、发扬、创新和发展了都江堰传统工程技术，将现代技术全面引入灌区建设与管理，促进新材料、新技术、新工艺、新办法的开发和应用。不断地创新收获了硕果累累：编印了《都江堰水利发展与文化丛书》，拍摄了《古堰长流》《水神》《盛世兴水》等电视片，完成了《都江堰水利可持续发展战略研究》《数字都江堰》《都江堰水利工程管理体制改革实施方案》等一批重要科研成果，其中"都江堰水利可持续发展战略研究"课题、都江堰渠首水情水质监测及调度决策支持系统均被评为四川省科技进步三等奖。

（4）都江堰精神文化建设与成效。

千百年来，历代水利人为保护和建设都江堰作出了不可磨灭的贡献。开拓创新、勤劳智慧、吃苦耐劳、无私奉献的李冰精神也得到了世代传承和发展。当代都江堰人在弘扬"献身、负责、求实"的行业精神的基础上，又努力培育自身的精神成果和文化观念。

结合都江堰传统文化，从波澜壮阔的水利实践中汲取时代精神，将"献身、负责、求实"的水利行业精神和"开拓创新、勤劳智慧、吃苦耐劳、无私奉献"的李冰精神结合起来，树立起都江堰水利人的文明形象。

都江堰历代治水中，不管是无坝引水还是闸群调水，始终体现了"以人为本、人水和谐"的治水理念。

6.6.2 江西省峡江水利枢纽工程

1. 基本概况

江西省峡江水利枢纽工程是国务院确定的 172 项重大水利工程之一，总投资 99.22 亿元。工程位于江西省峡江县境内、赣江中游河段，上距吉安市约 60km，下距南昌市约 160km，是一座以防洪、发电、航运为主，兼有灌溉等综合利用功能的大（1）型水利枢纽工程，控制流域面积 6.27 万 km^2，占赣江流域面积的 77%。

枢纽主要包括主体工程、7 个库区防护工程和 15 片抬田工程。枢纽主体工程主要建筑物包括混凝土重力坝、18 孔泄水闸、电站厂房、船闸、鱼道、左右岸灌溉进水口，如图 6.5 所示。

库区防护工程包括同江、上下陇洲、柘塘、金滩、樟山、槎滩及吉水县城 7 个防护区。防护工程堤防 15 条，堤线总长 57.8km；电排站 15 座，装机 50 台（套），

图 6.5 峡江水利枢纽工程鸟瞰图

总装机容量 17715kW；导托渠 13 条，总长 51.7km。

工程的建成，使下游南昌市防洪标准由 100 年一遇提高到 200 年一遇，赣东大堤的防洪标准由 50 年一遇提高到 100 年一遇。工程多年平均发电量 11.42 亿 kW·h，改善上游航道 65km，并为下游农田提供可靠的灌溉水源。

2. 兴修背景

江西省位于长江中下游南岸，境内地势南高北低，边缘群山环绕，中部丘陵起伏，北部平原坦荡，由四周渐次向鄱阳湖区倾斜，形成了南窄北宽以鄱阳湖为底部的盆地状地形。江西省雨水丰沛，河网密布。境内赣、抚、信、饶、修五大河流，从东、南、西三面汇入中国最大淡水湖——鄱阳湖，经调蓄后由湖口注入长江，形成一个完整的鄱阳湖水系。鄱阳湖水系流域面积 16.22 万 km^2，相当于全省国土面积的 97%。赣江是鄱阳湖水系最大河流，源出赣闽边界武夷山西麓，自南向北纵贯全省，是长江主要支流之一。

独特的地形气候条件，加上水利基础设施较为薄弱，使得江西洪涝干旱灾害频繁。千百年来，赣江在哺育赣鄱儿女的同时，也给沿岸百姓带来沉重的水患伤痛，因此，在赣江干流修建一座大型骨干型水利工程来兴利除害，成为 4600 万江西儿女长久以来热切的愿望和祈盼。

峡江位于千里赣江之要冲，地势险要、江面狭窄、水流湍急，适于筑坝和发电。在此兴建大型水利工程，无论在防洪、发电还是航运等方面，都能起到最佳效果，获得较大效益。峡江水利枢纽工程于此应运而生，成为赣江流域梯级开发的关键性控制工程，控制流域面积 6.27 万 km^2，对于增强下游城市防洪能力、缓解江西电力供需紧张矛盾、改善航运条件具有重要意义。

2008 年，国家提出"四万亿"投资计划拉动内需，工程经国务院批准立项，至此，工程建设拉开序幕。

3. 文化阐述

千里赣江，流贯南北，如苍龙，匍匐赣鄱。玉峡长虹，横卧东西，如长缨，萦绕峡谷。峡江水利枢纽工程依托厚重的赣水文化，充分吸纳生态、历史、科技、精神等文化要素，赋予工程文化品位，成为了江西水利系统无可替代的文化旗帜和价值标杆。

（1）寻根：兴水安澜、造福当代。

治理赣江、抵御洪灾、发展经济，一直是沿江人民期盼多年的心愿。2009 年 9 月，中华人民共和国成立以来江西投资的最大水利工程——峡江水利枢纽工程开工奠基，江西人民开启了一场规模空前的驭江驯水之旅。八年磨砺，终成大器，护江河安澜，保百姓安居。

1）工程建设之"道"——殷殷心血，筚路蓝缕。工程开工以来，工程建设总指挥部精心组织，科学管理，带领着设计、监理以及施工单位近万名建设者，在 2000 多个日夜里，披肝沥胆，艰苦奋斗，顽强拼搏，保质保量地完成各项工程建设任务，取得两年完成截流、三年通航、六年完成主体建设的喜人成绩，构建了一个又一个节点上的丰碑，实现了"进度提前、质量优良、投资可控、安全生产无事故、移民与工程建设同步"的目标。

2）工程创新之"力"——融资多元，施工先进。建设过程中，创新融资模式，将水电站 50 年的经营权进行出让，融得建设资金 39.16 亿元，解决资金缺口，该举措入选国家发展改革委首批 PPP 示范项目，并在全国推广。积极应用建筑业十项新技术中的 10 个大项 25 个子项，自创创新技术 21 项，获国家专利 9 项、水利行业和爆破行业省部级工法 5 项，形成了硕果累累的技术亮点；选用的 9 台直径 7.8/7.7m 灯泡贯流式水轮发电机组，其直径为亚洲第一、世界第二；鱼道采取国内首创"横隔板式"竖缝过鱼通道设计，保障了赣江流域水生态平衡；泄水闸施工采用多卡模板、翻模和悬臂模板联合快速施工工艺，实现 11.5 孔泄水闸混凝土在一个枯水期内完成。

3）移民抬田之"举"——一朝抬田，百姓安居。水利工程移民素来号称"天下第一难"，国家交给江西的不仅是一项水利工程，更是一张民生考卷。峡江水利枢纽工程建设者践行习近平总书记以人民为中心的发展思想，担当作为、攻坚克难，向江西人民交出了一份温暖人心的答卷。工程实施过程中抬田 3.75 万亩，开创了大型水利枢纽工程建设大面积集中连片抬田的先河，减少了移民搬迁、淹没影响和库区淹没处理投资，得到社会各界广泛认可（图 6.6）；编写的《水利枢纽库区抬田工程技术规范》（DB 36/T 853—2015）以地方标准予以发布。省政府出台移民征地扶持支持政策，征地补偿省标准高于国家标准 5%，为 2.53 万移民带来实惠，并组织

图 6.6 库区移民及抬田工程

49 个省直单位对口支援，投入 2 亿多元资金进行移民新村基础设施建设，为实现"移得出、稳得住、能致富、不反复"目标提供了保障。井冈儿女舍小家为大家、顾全大局的奉献精神，各级干部勇于担当、躬身为民的情怀，以及移民安置后新农村建设的美丽蝶变，

共同写下一部值得历史铭刻的民生巨著。

(2)铸魂：天人合一、和谐共生。

峡江水利枢纽工程在建设运行管理过程中，充分尊重自然，维护生态平衡，以打造江西人民的幸福河为载体，做到了保护自然和造福百姓相统一，引领形成生态文明建设的正确价值导向。

1)工程风貌之"新"——气势恢宏，风景秀美。大胆创新外观设计，在坝顶建设七彩横梁，使整个大坝如七彩长虹般横跨在赣江之上，突显枢纽大坝的建筑艺术效果，18孔泄水闸、发电厂房、通航建筑物、鱼道等采用新材料和新手艺，充分展现现代水利工程丰富的空间造型；按照环境景观化生态化、工程设施安全化的原则，因站而异，将库区12座电排站建成一站一景，营造宜居宜人、山青水净的生态环境；巴邱镇古渡口、住岐古塔、峡江会议旧址等历史人文景观，革命先烈的足印，为雄伟大坝增添了红色韵味。

2)人水和谐之"路"——绿色发展，昭示未来。为鱼类洄游建立了专用的通道，每年定期开展鱼类增殖放流，库区古树名物专项进行了移植保护，"百里赣江风光带"、庐陵文化生态园、吉水城防等一批景观宛如天开，赋予了赣江两岸更多的生机和活力；把水资源作为最大刚性约束，工程在设计阶段提出蓄水位动态控制，区分不同季节执行相应的生态流量调度管理，干旱特枯时段保持最低流量下泄，不仅灌溉了万亩农田，还为生态环境改善带来源头活水；临江土质边坡生态防护、设置污水处理设备、库底清理等一系列措施实现了对母亲河的保护性开发，为峡江水库水质达到国家Ⅱ类水质标准提供了保障；水库蓄水后，渠化枢纽坝址以上赣江航道65km，千吨级的船舶得以航行，全面振兴"千年赣鄱黄金水道"，重现"千帆竞发，百舸争流"的辉煌场景。

(3)传承：生生不息、永续发展。

一代代建设和管理者将智慧与汗水注入峡江水利枢纽工程，在高标准、严要求的接力下，她生机勃勃、久久续航。工程展示馆内，陈列了"国家级水利风景区""大禹奖""鲁班奖"等奖杯和证书，彰显出工程在全国范围内的"分量"。

1)管理运行之"法"——标准到位，精益求精。一方面，制度先行。总指挥部成立之初，从机构建设、人员管理、工程管理、安全管理、财务与合同管理、后勤管理等各方面着力建立各项规章制度，构建完善的制度体系，为全省大型水利工程建设管理探索先行；独创的"廉政八不准"等党风廉政建设制度，把实现个人价值与工程建设管理的目标紧密结合起来，全面规范干部职工行为。另一方面，管理精细。充分利用信息化管理平台，实现工程管理岗位到人、责任到人、任务到人、监督到人，工作管理流程化、程序化、痕迹化及可追溯化，标准化管理创建居全省同类标准化试点工程的前列；以物业化管理为手段，首次在全省水利工程采用政府购买服务的方式选择专业公司承担工程运行管理的维修养护任务，严格按照标准化要求开展防洪调度、安全监测、巡查巡检、养护维修等工作，切实保障枢纽工程安全、持续、高效运行，充分发挥综合效益，助力生态鄱阳湖流域建设。

2)峡江精神之"风"——十年征程，初心不改。峡江水利枢纽工程是"干部干事业的平台、培养锻炼干部的摇篮、展示江西水利形象的窗口"，一代又一代峡江水利人在此启航，接续奋斗，用忠于事业的赤子之心、防汛调度的昼夜不息、敢打硬仗的坚强意志、勤于钻研的业务能力支撑起了大坝安澜之基，形成和丰富了"创新、拼搏、担当、奉献"的峡江精神。"助推绿色发展，建设美丽长江"、全国引领性劳动和技能竞赛先进集体、全国水利先进个人等多项荣誉称号是峡江水利人无私奉献、慷慨付出的体现，为青年人树立了新时代水利奋斗者的价值导向。

4. 水文化建设情况

赣江风光如画，文化源远流长。"惶恐滩头说惶恐，零丁洋里叹零丁。"民族英雄文天祥的千古名句赋予赣江深沉的诗韵；"青山遮不住，毕竟东流去。"爱国词人辛弃疾的人生感悟让江西披上了蕴藉的色彩。江西儿女的繁衍生息，让这块钟灵毓秀之地，积淀出璀璨而独特的赣水文化。

峡江水利枢纽工程管理局打造工程景观，传承水利文化，是弘扬"忠诚、干净、担当、科学、求实、创新"新时代水利精神的有效实践。2017年，工程通过竣工验收后，投入资金2000多万元用于建设景区水文化工程，提炼工程建设管理技术，增厚水文化底蕴，实现了工程与水文化、景区建设、生态文明建设、地方发展等有机融合。

（1）建设水文化展示馆。

对于水利工程而言，加强水文化建设要反映水利事业进步轨迹和发展智慧，使其真正发挥传播水利文化载体的作用。峡江水利枢纽展馆布展面积 1300m^2，以"水文化"为核心命题，围绕"赣都玉峡，绿色工程"主题，分为工程篇、移民篇、生态篇、放眼篇四大篇章，是江西省首个集工程展示、经验总结、水利水电科普等功能于一体的大型水利展馆。展馆运用文字图片、高清视频、现代声光电技术、沙盘模型相结合的手段，突出多媒体效果与互动式体验。其中，四向伸展的生态树与270度外环式LED屏，展现枢纽建成后的平湖、大坝、飞流、长河、山水、新村等新景美貌；紧张刺激的VR体验，带领参观者深入难得一见的发电厂房内部空间；CAVE剧场式综合演示区，全面回顾枢纽的建设历程，展现一个创新、生态、高效、廉洁的国家工程；动态投影场景还原，栩栩如生地刻画热火朝天的抬田工程景象，如图6.7所示。

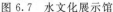

图6.7　水文化展示馆

图6.8　江西古代治水名人铜雕长廊

（2）打造廉文化园。

充分运用江西深厚的廉政文化资源，使水利廉政文化植根于多元廉政文化和水文化的土壤中，构建了以"学、思、践、悟"四个关键字为篇章的廉文化园，形成了既有深刻思想性，又有广泛渗透性的水利廉文化。"学廉苑"，展现古代清廉故事，设计以"清"为主题的形象墙。"思廉廊"，布置与水相关的表达洁净、清白之意的对联。"践廉圃"中央，将毛笔、水流和莲花以写意式手法组合重构廉字雕塑，笔柱若莲花盛开，水势似清江蜿蜒。围绕雕塑，依次布置方志敏《清贫》、古人劝廉、江西水利工程与廉洁文化等内容。"悟廉园"，一缸清莲与"廉"字影壁相得益彰，"梅、兰、竹、菊"楔入式小品景观清雅可爱。

（3）塑造江西水利文化展区。

1）修建五河兴赣广场。广场选取赣江、抚河、饶河、信江、修水为五柱，表达五河入鄱、五河兴赣的文化主题，同时，以省会城市南昌和五河流域文化意境为主题制作弧形石雕墙，着力表现治水安澜的民生情怀、艰苦奋斗的红色精神和耕读济世的文化意蕴。

2）修建古代江西治水名人长廊。以许真君挥患靖蛟、刘彝修福寿沟、王安石立农田水利法为典型，塑造雕像，并加以文字说明，展示古人治水的智慧（图6.8）。

（4）树立工程纪实主题墙和精神文化塔。

在发电厂房的右侧泄水闸挡水墙面上，通过镂空铁艺雕刻手法再现大坝战天斗地的建设场面，设置鱼道文化墙，从开工奠基、工程通航到大江截流，从洪峰过境、首机发电到全网通电，从电排作业、库区抬田到移民新村、蓄水验收，十大节点、十幅画面，如磐青石永恒刻下建设者无私无畏的风范。

在生活区醒目位置，书写"创新、拼搏、担当、奉献"八个大字，成为峡江水利枢纽工程的精神灯塔，以此继续激励和鞭策的职工继续发挥工程建设期间攻坚克难、一心为民的精神品质，全力做好工程的安全运行管理。

（5）全面扩大水文化对外宣传。

有计划、有重点地宣传枢纽水惠民生的显著效益和弥足珍贵的建设管理经验，增强社会对水利工程的关注度。一是提升工程影响力。在水利部172项重大工程系列展中首个出展；在国家博物馆举行的"伟大的变革——庆祝改革开放40周年大型展览"中，工程全景图代表江西水利荣列"大国气象"区；入选"激浪杯"全国2018有影响力十大水利工程；移民抬田经验在全国水库移民工作会议上进行分享；水文化建设的"峡江经验"在全国典型水利风景区建设与管理经验交流会上作典型发言等，擦亮了江西水利的"峡江"名片。二是开展形式多样的活动。与长江年鉴社联合举办"峡江杯"画说长江七十年长卷摄影比赛活动；邀请江西省作协走进峡江水利枢纽开展散文笔会活动，在《人民日报》《江西日报》《中国水利报》《青年文学》等大报大刊上刊发了《移动的乡愁》《以江河之名》《为一条鱼道动情》《抬田记》等文章，丰富了水文化成果；主动加强与各级主流媒体的沟通与对接，《江西水利看峡江，高峡平湖耀赣鄱》《匠心筑就赣鄱水利新窗》等报道，大力推广了工程建设管理的工作亮点和水文化建设成就。三是挖掘亮点呈现特色。编撰峡江水利枢纽工程管理、采购招标、移民安置、工程重大技术、工程设计、工程施工等建设管理系列丛书，总结提炼工程建设管理模式，形成了"峡江智慧"和"峡江方案"；设计工程专属标志，代表峡江水利人以人民为中心的绿色发展理念；编写《峡江梦圆》《迁安》等书，呈现工程建设管理的精彩实践，反映峡江水利枢纽移民壮举，广泛推介工程文化内涵。

第7章 水 经 济

7.1 水 资 源 经 济

水资源作为一种可再生的有限资源，如何兴利除害为社会可持续发展服务，如何在实践中解决水资源经济等问题，如何在理论上丰富和发展"水资源经济"，就成为当今有待研究的一个问题。

7.1.1 水资源经济的含义

资源经济由一般经济学中分立出来，水资源经济属于资源经济中的一个组成部分，水资源经济学正是在这种形式的推动下发展起来的。尽管美国在20世纪30年代就提出对河道整治和防洪工程等进行效益与成本的计算，但直到50年代以后才提出由政府批准的各项政策、标准和方法的文件，将经济环境、总的国民经济和地区经济、水资源工程的财务分析、不同方案的年效益比较、综合利用水资源工程的投资分摊等逐渐完善。其他国家也多在这个时期开始重视水资源经济方面的工作。同其他自然资源一样，水资源在被人类开发利用过程中，必然会出现人与水资源间的各种联系，并扩展到有关各类自然资源与环境的联系。水资源经济则主要是研究水资源的开发、利用与保护过程和社会经济发展的关系，以及这些过程的经济、社会和环境效益，研究在这些过程中投入与产出的最大经济效益。

在国外，水资源经济的范畴包括水资源治理（防洪、治涝及河道整治）、利用（工农业及城市供水、水力发电、内河航运）、保护（污染检测和废污水治理）等每个过程中各个环节的经济问题。在中国，由于水利业务和水利科学的发展，水利经济已初步形成了独立的学科体系，在中国当前平行存在"水利"和"水资源"用语，但两者之间有所不同。同样，"水利经济"和"水资源经济"的内涵也有所不同，水利经济应当研究探讨的问题，包括全部水利工作的各个方面的经济和社会效益，这些问题在有些国家被全部列入水资源经济学的范畴。由于我国存在综合性很强的水利事业，水资源作为一种行业的代称只作为综合水利行业的一个分支，但在各部门职能有所分工的情况下，又可超出水利的行业范围，涵盖其他用水的行业。因此，水资源学与经济学相结合而产生的这个经济学中的新分支——水资源经济学，也自然具有其必要性。但根据中国的具体情况，水资源经济应当是水利经济中的一个独立分支。水资源经济和水利经济的不同点在于它们范围的不同，水利经济学范畴中除水资源经济外，还包括防洪经济和治涝经济、水工程建设技术经济、工程移民安置中的经济问题等；而水资源经济则侧重于对水资源规划中的合理分配与调度、水资源管理与资源保护等方面的经济问题。所以水资源经济应当是研究在水资源的开发利用和保护过程中，运用经济学的原理和方法，探讨水资源在不同自然条件下对不同用水部门和地区间的合理调配、综合利用及改善环境中，如何以最小的人力、物力和财力代价，取得在经济、社会和环境方面的综合效益。

7.1.2　水资源经济的特点

1. 特殊性

水资源经济的主要研究对象和其他自然资源相比具有特殊性。主要是在过去人们往往有一种误区，认为地球上淡水资源通过自然循环可以源源不断地供给，几乎在地面上除极特殊的少数地区外，都比较容易获取水，可以取之不尽，用之不竭，因而对水的认识大大不同于各种矿产资源。因为后者在地球形成过程中一旦开采就很难再生，而水则通过降水补充更新，可继续使用。尽管人们在实际生活中也意识到水的重要性，却对水的经济观念十分淡薄。水作为维持生命需要不可分割的生活要素，在当地水资源能满足人们生活需要时，并不感到水的珍贵，而当水的缺少危及人的生命安全时，水就成为无价之宝。

2. 商品性

在商品社会中，由于许多商品的生产过程中需要用水，水也就具有了一定的经济价值。为了用水，从开辟水源地到把水以各种方式送到用户手中，都需要投入一定的人力、物力和财力，这种送到使用者手中的水也增加了经济价值。在1992年召开的联合国环境与发展大会上通过的《21世纪议程》中，对水的社会性和商品性作出如下说明："水是生态系统的重要组成部分，水是一种自然资源，也是一种社会物品和有价物品。水资源的数量和质量决定了它的用途和性质。为此目的，考虑到水生态系统的运行和水资源的持续性，水资源必须予以保护，以便满足并协调人类活动对水的需求。在开发利用水资源时，必须优先满足人的基本需要和保护生态系统。但是，当需要超过和谐基本要求时，就应该向用户适当收取水费。"这表明水有时需要被视为一种商品，而且水是一种具有特殊性质的商品，是人类生存条件最基本的要求，所以有时又不能完全以商品来对待。因而在水的分配上，有时不能完全按经济法则办事。当洪水泛滥时，水变成一种有害物，又完全脱离了商品属性。

3. 价值性

水虽然在地球表面上几乎无处不在，但无论是出于什么目的来利用水，几乎不付出任何一点代价（劳动），都是不能直接把水送到需要点的。因而用水要通过人的加工，简单的如到河、湖边舀水、提水或担水，复杂点的要通过泵、管道或渠道把水送到用户手中，再有就是需要建设蓄、引、提工程或凿井工程等，以及天然水先经过过滤、净化和杀菌后再通过管网等给水设施送到用户手中，如市政公用水。经过这些加工，自然也就增加了水的经济价值，水的价格也会因所采取的工程措施的代价不同而各异。

4. 分布的不均衡性

地球上的水可以通过全球水文循环不断得到更新和补充，但因地球上各地的气候和地理条件不同，可更新的水资源数量在地球上各地的年分布有很大的不均匀性，在年际之间的变化和在一年内各季间的变化也很显著，从而使各地从自然界获得的水资源数量并不能每时每刻保持为一个固定数值，而呈现空间和时间上的随机性变化。

综上所述，水作为一种自然资源，既从属于土地，又因其可流动性从而不完全从属具有一定边界的特定土地。在现实世界中，几乎不论其国家的社会制度如何，都公认水资源属于国家所有。即使在土地私有的国家里，也多规定流经土地上河流的水不是归土地所有者所有。因此，在水资源的经济分析中，只以把水送到用户手中的耗费的劳动（也包括物化劳动）作为计算水成本的根据。然而，如同对待其他类别的非再生性自然资源的办法一样，为节约资源，控制开采量，国家作为自然资源的所有者，可以征收开采资源税。在一些水供需紧张的地区或国家，也有征收水资源税的做法。这种做法在中国则被称为征收水资源费，且暂时不由国家税务部门统一征收，而由水主管部门收取。

7.2 水资源经济学的研究对象和研究内容

7.2.1 水资源经济学的研究对象

根据人们对经济学的理解，水资源经济学可以定义为研究有关水资源经济活动的科学和研究水资源配置的科学，旨在使消费者以同样的水资源消耗获得尽可能大的效用满足或者以尽可能少的水资源消耗获得同样的效用满足，使生产者以同样的水资源投入获得尽可能高的产出水平或者以尽可能少的水资源投入获得同样的产出水平。

水资源的研究对象是有关水资源的经济活动，核心是水资源的配置问题，水资源具有十分广泛的用途和极其丰富的功能，大体上具有生活用水功能、生产用水功能和生态用水功能。水资源的这种多功能性，说明水资源经济活动包括人类对水资源的勘探、开发、利用、治理、保护、管理、节约、替代等各种活动，这就需要经济学研究如何将稀缺的水资源配置到人们最急需的地方去，以产生最高的效用。

一般来讲，在水资源经济活动中，水资源经济再生产活动包括生产、交换、分配和消费等过程。但经济再生产过程中的分配指的是收入的分配，包括收入的一次分配和二次分配过程。收入一次分配是企业通过市场竞争实现的收入分配，收入二次分配是通过政府税收、财政实现的收入分配。水资源经济活动中的分配过程应该指从事水资源经济活动的企业与其雇员和国家对经营所得收入的分配过程，这个分配过程不是对水资源的分配，而是对收入的分配。因此，不能混淆作为经济再生产过程一个环节的水资源经济活动中的收入分配过程与水资源配置。所以水资源经济学就是研究日渐稀缺的水资源优化配置问题的经济科学。

由于水资源的功能广泛，所以对水资源经济学的研究对象进行界定十分复杂。目前，国外只有斯蒂芬麦立特在《水资源经济学导论：国际视角》一书中用英语单词 Hydroeconomics 表述"水的经济学"或称"水资源经济学"。它认为水资源经济学的研究客体包括：河流、湖泊、湿地、近海水域的保护；陆地的排水系统；洪水防范和海岸保护；大坝项目；洁净水的供给；家庭、农业、工业和其他部门的水资源的使用；废水的处理及其排放。同时阐述了水资源经济学理论和政策分析的十大领域：①向家庭、农业、工业和其他部门供应符合质量标准的足够的水资源；②确保低收入家庭的洁净水的使用；③确保农牧业水资源的供给和使用；④净化家庭、农业和工业排放的污水；⑤防止洁净水供应和废水收集企业垄断权力的滥用；⑥保障城乡抗洪及其排水；⑦保护地表水和地下水循环流动的能力；⑧保护在所有洁净水和海洋水环境中的生物物种及其生活习惯；⑨减少和消除国际水资源冲突；⑩确保政府为了达到上述目标进行公共投资的支出的透明性。他的分析概括了水资源经济学研究的可能领域，但是并未对此进行严格界定。国内学者沈满洪教授认为水资源经济学涉及三个大的问题：一是如何把过多的水化害为利，这一部分可以称为水利经济学；二是如何使有限的水资源优化配置，这一部可以称为水资源经济学；三是如何防止和处置超过环境容量的废水排放，这一部分可以称为水环境经济学。同时把水资源经济学的研究对象概括为三个层次：第一层次，"狭义的水资源经济学"，只包括符合一定水质要求的水资源数量配置的研究内容；第二层次，"中义的水资源经济学"，同时包括水资源数量配置和水环境质量配置的研究内容；第三层次，"广义的水资源经济学"，同时包括水资源数量配置、水环境质量配置和水灾害防范等研究内容。

7.2.2 水资源经济学的性质

水资源经济学属于资源经济学的分支学科，又是资源科学的分支，属于经济学与资源科学的交叉科学。由于水资源经济活动在相当长时期里主要研究水利工程建设及水资源开发利用项目的经济可行性评价。随着水资源经济学研究的深化，该学科本身又出现了一些分支，不同的分支学科均有其独特的研究对象，并具有很强的工程经济学和技术经济学色彩。工程经济学、技术经济学是研究技术和经济矛盾关系的科学，是专门研究技术方案经济效益和经济效率问题的学科。主要包括技术经济学评价要素、经济学评价方法、可行性研究、可持续发展、价值工程和技术创新等内容。因此，水资源经济学的性质介于资源经济学与工程经济学、技术经济学之间，但更偏向于资源经济学，其背景是水资源经济活动已从强调水利工程建设转向水资源的可持续高效利用。所以，水资源经济学除了水利工程项目经济评价外，更应该研究水资源供需变化的规律，重视水资源可持续利用与社会经济可持续发展之间关系的研究。

7.2.3 水资源经济学的研究内容

在社会主义市场经济前提下，水资源经济学既要承认水作为一种可以利用的自然资源是有价商品，又要兼顾水开发治理的社会公益性质，不能完全按市场经济规律办事。所以水资源经济学的研究内容包括水资源的合理配置和水资源优化配置的制度创新设计等方面。

1. 水资源配置的制度环境研究

水资源配置的制度环境包括水权制度、水市场制度、水行政管理体制和公众参与制度等。水权制度即水资源的产权制度，包括水权的初始划分制度和水权交易制度；水市场制度指水商品的生产和交易制度，包括水商品市场准入与退出制度、水价制度等；水行政管理体制包括水行政管理权限的划分、部门设置原则、职责、编制、工作程序等内容；水资源配置的公众参与制度指公众参与水事讨论、决策的制度。

2. 水资源价值的增损与转移规律的研究

在水资源开发利用过程中，水资源的价值是如何变化的？随着水的利用，水本身由清洁水变为废水，其本身的价值肯定也被消耗了，甚至从可被人类利用的正价值变成了对环境、对人类有害的负价值，对这一价值变化过程应该有定量的评价。但水资源的价值也不是被白白消耗的，而是在其利用过程中转化到了其他地方。例如：工农业用水的价值转化到了有关产品中、生活用水的价值转化成了人的生长和健康价值。

3. 水资源供给与需求规律研究

水资源供给规律既包括一定地理条件下水资源自然特性对供水的影响，也包括供水者在一定供水制度和环境下的行为选择对供水的影响，如干旱对供水的影响、水价对供水的影响等。水资源需求规律研究包括各类用水及其相关关系研究、单个用户的微观需水规律研究、社会总体的宏观需水规律研究、短时间尺度的短期需水规律研究与长时间尺度的长期需水规律研究等方面。

4. 水资源合理配置及项目可行性评价研究

主要包括合理配置可行性方案设计与选择、水资源配置的合理性评价及合理配置的技术。水资源项目经济可行性评价的核心是水资源利用的效益和成本分析，水资源利用效益是一切水资源开发利用活动的最终目的，也是水资源开发利用活动得以存在的意义所在。因此，对水资源开发利用效益的评价除了经济效益的评价之外，还包括社会效益和生态效益的评价。

7.2.4　水资源经济学研究进展

水资源经济学是伴随着水资源危机和水资源在社会经济发展中的重要地位而产生的，是自然资源经济学的分支，是水文水资源学和经济学的交叉学科。它应用经济理论及定量分析方法分析水资源开发经济系统的运转方式及经济系统、社会系统、生态环境系统的互相影响。它主要研究水资源的开发、利用和保护过程和社会经济发展的关系，以及这些过程的经济、社会、环境效益。尤其是在水资源日趋变化的条件下，如何运用经济学的手段，解决经济发展的问题，实现水资源的科学管理。当然，随着水资源经济学研究的深入，它的研究侧重领域也有所不同。

1. 国外水资源经济学的研究进展

水资源经济学在西方发达国家有较长的发展历史。早在 20 世纪 30 年代，美国水资源工作者就将成本—效益分析方法引入水资源工程项目的评价中，与部门的实际工作结合得最紧密。前期研究的侧重点主要在于水资源本身的价值研究以及对水资源和其他经济环境的估价。如有学者认为水的价值是在给定时间和给定地点为购买单位体积水的社会愿意和能够支付的最大值，或者采用机会成本的方法，即在既定时间、地点和水流条件下，当某人取走用水时，水资源所有者可以接受的每单位水的最小费用。1972 年，杨格和格雷考察了几项实验，认为水的价值不可能超过最经济水源的边际成本。Schneider 研究了一定用户需水量弹性，为研究节约用水提供了有益的经验。Murdock 分析研究了用水预测中社会经济和人口统计特性的作用，将需水量与社会经济相结合，拓宽了水资源价值研究的范围。Wichelns（2004）的研究表明，通过灌溉用水划区收费促使减少排放量，提高了用水效率。Hayward 对收费产生的反应——水管理议案进行了分析，1995 年 9 月瑞典召开城市地区水综合管理国际研讨会，水资源和废水定价被列为重要议题。综上所述，研究的主要内容是水资源的定价和水资源的价值。进入 20 世纪 90 年代后,可持续发展的观念被广泛接受,也成为水资源经济学科的热点内容。

2. 国内水资源经济学研究进展

我国关于水资源经济学的研究起步较晚,结合国内的实际情况,在国外研究的基础上进行有侧重点的进攻。20 世纪 70 年代,侧重于水资源价值的评估,水价制定和水服务费用的收取,是水资源经济学研究的萌芽阶段,如 1979 年 11 月上海市革命委员会发布《上海市深井管理办法》。20 世纪 90 年代以来,国内学者对宏观经济的水资源管理进行了探索性的研究。中国水利水电科学研究院水资源研究所采用投入产出模型与线性规划模型相结合的方式,建立了宏观经济的水资源优化配置模型;水利部、中国科学院、国土资源部共同建立了西北地区的宏观经济水资源模型,为水资源开发利用提供依托。进入 21 世纪后,我国经济在快速发展的同时,也带来了一系列的生态环境问题。水是生态环境的控制因子,所以研究的重点是以水为核心因子的生态系统为人类提供的服务价值,如丰华丽于 2004 年提出水的服务功能主要指水资源的供给功能,即供给社会一定质量的水资源量的多少,用以维持人类健康、支持经济生产、稀释和运输废物、提供娱乐休闲等。我国水资源经济学的学者已经形成了既面向全球,又结合具体情况的新思路。

综上所述,如果从 20 世纪 30 年代开始的水利项目的经济评价算起,水资源经济学的历史不到 100 年。水资源经济学早期围绕水利工程展开,中期研究水资源保护的经济问题,现在增加或强化了管理、公众参与、市场的研究等内容。随着水资源学和经济学的发展,水资源经济学的研究内容也在拓展,其学科发展也在不断完善,水资源经济学的研究前景将会非常广阔。

7.3 水权、水价与水资源市场

7.3.1 水权

1. 水权的内涵

迄今为止,水权尚未有一个"权威"的定义,研究者常常根据实际需要进行界定。水权通常是指水资源稀缺条件下人们有关水资源权利的总和(包括自己或他人收益或受损的权利),其最终可以归结为水资源的所有权、经营权和使用权。水权与其他资产产权相比,具有明显的特征,主要表现为以下几个方面。

(1) 水权的非排他性。中国宪法规定,水资源归国家或集体所有,这样导致了水权二元结构的存在。从法律层面上来看,法律约束的水权具有无限的排他性,但从实践上来看,水权具有非排他性,这是水权的特征之一。中国现行的水权管理体制存在许多问题,理论上水权归国家或集体所有,实质上归部门或者地方所有,导致水资源优化配置障碍重重。以黄河为例,尽管成立了黄河水利委员会代理水利部行使权力,并且在黄河水管理上发挥了积极的作用,但水资源开发利用各自为政的现象没有从根本上得到改观。"水从门前过,不用白不用""多用比少用好"等观念长期影响人们的用水行为。大量引水无疑加剧了黄河断流,引起更大的生态环境问题。国家水资源拥有的产权流于形式,水权强排他性转化为非排他性。

（2）水权的分离性和非完整性。根据中国的实际情况，水资源的所有权、经营权和使用权存在着严重的分离，这是由中国特有的水资源管理体制所决定的。在现行的法律框架下，水资源所有权归国家或集体所有，这是非常明确的，但纵观水资源开发利用全过程，国家总是自觉或不自觉地将水资源的经营权委授给地方或部门，而地方或部门本身也不是水资源的使用者，其通过一定的方式转移给最终使用者，水资源的所有者、经营者和使用者相分离，所以导致水权的非完整性。

（3）水权的外部性。由于水资源的特殊性和流域问题的外部性，水资源的使用具有外部性。如工厂排放的污水，污染了江河，渔业也会受到损伤，但对于受害者而言，这是一种负外部性。"上游污染，下游受害"就是典型的流域外部性的影响，不仅如此，如果上游过度使用水资源，就会导致下游水资源可利用量减少甚至干涸，给下游带来难以挽回的损失。当然，水资源的利用过程中也会产生正的外部性，如地区性大型水库的修建，由于改善了局部地区的小气候，可能给周边地区带来额外的效益，如增加旅游人数或创新的就业机会等。

（4）水权的可积蓄性。水权可积蓄性是指水权主题能够将其未用、剩余或节余的水权根据合法的程度储存至"水权银行"等部门，待以后需要时取出再用或进行转让等处置。水权积蓄的内容包括三个方面：水权积蓄的时间、水权积蓄的数量、水权积蓄的质量。

2. 用水目的与水权类型

由于水资源是流动的，用途多种多样，所以水权比一般的静态资源产权内涵丰富得多。水权类型与用水目的相联系，用水目的不同，水权类型就有差异。广义上的用水目的包括两类：一类是消费性用水，即从河系或地下水流域获取而未返回河流的总水量，如植物用水的蒸腾损失。水权分配通常是以引取的总量而不是以消费性用水量为基础。引水总量包括消费性用水量及输送、调度和其他损失。另一类是非消费性用水，包括水力发电、航运、渔业、水质控制、娱乐和其他出于美学目的的河道内用水。一般而言，灌区、工矿企业和城镇居民是消费性用水，需要获得水的永久使用权；而水电站属于河道内用水，不消耗水量，发电后水还是回到河道里供其他用水者使用，只不过自然的水流变成了人工控制的水流，因此水电站需要的是一定时间内对水的支配权。

3. 水权制度与比较

（1）水权制度与获取。

水权制度就是通过明晰水权，建立对水资源所有、使用、收益和处置的权力，形成一种与市场经济体制相适应的水资源权属管理制度，这种制度就是水权制度。水权制度体系由水资源所有制度、水资源使用制度和水权转让制度组成。水资源所有制度主要实现国家对水资源的所有权。地方水权制度建设，主要是使用制度和转让制度建设。一般情况下，水权获取必须由水行政主管部门颁发取水许可证并向国家缴纳水资源费。

（2）发达国家水权制度。

1）澳大利亚水权分配制度。

澳大利亚属于水资源相对稀缺的国家，其最早的水权制度来源于滨岸权制度。20世纪初，联邦政府认识到河岸权制度不适合相对缺水的澳大利亚，通过立法将水权与土地所有权分离，明确水资源是公共资源，归州政府所有，由州政府调整和分配水权。跨洲河流使用水，由联邦政府各州达成分水协议。

由于政府巨大的财政压力以及水资源日益短缺、供需矛盾的加剧，澳大利亚于 20 世纪 80 年代便开始了水权交易。近 20 年来，澳大利亚水权转让的管理制度不断完善，许多州已形成了固定的水权市场，大大提高了水资源的配置效率。

澳大利亚水市场短期水权市场发展较快，长期水权市场发展缓慢，其原因主要有以下几个方面：一是因为生态和环境的目标，政府对水权仍然限制过多，导致产权的界定仍存在不明晰的现象；二是由于气候的原因，存在长期水权收益的不稳定性，以致投资长期水权风险太大；三是长期水权价格较高，每年价格范围是 0.4~1.2 澳元/m³，而短期水权交易价格较低，每年价格范围是 0.02~0.04 澳元/m³；四是交易成本过高使交易无法进行，长期水权交易需经过一定的法律程序，而且需要交纳相当高的税费。澳大利亚各州水权交易一般在州内进行，跨州转让由于涉及的因素较为复杂而受到限制。由于客观条件的限制，澳大利亚水权仍然存在目前情况下无法克服的外部性。

澳大利亚各个州政府水法规中都对水权交易程序和买卖合同中的有关内容作出规定：水权交易必须保证河流的生态和环境目标并以对其他用户的影响最小为原则；水权市场信息透明，提供可能的水权交易的价格和买卖机会；对于长期水权交易，必须由买卖双方向州水管理机构提出申请，并附相应的评价报告，由专门的咨询机构作出总和评价，在媒体上发布水权永久转让的信息

2）美国水权分配制度。

在美国，水权由州法规对水权进行界定。州的水法内容随着地区、气候的不同而存在差异。美国的东部、东南部和中西地区气候有多雨的特点，水权制度采用滨岸权体系。在干旱和半干旱的美国西部各州，州法律法规都规定，其边界内的水资源为公众或州所有。在州政府水资源所有权下，水权分配是对水资源的使用权的分配。西部各州的水权管理体系各自独立，但他们都有很大的相似性，水权采用的是优先占用体系。实行占有水权体系的州、水权占用必须合理，包括在合理的时间内对水进行有益的利用及用水和引水应当合理等方面的要求，否则对水的利用超出了水权规定的范围。水权占用的日期决定了用水户用水的优先权，最早占用者拥有最高级别的权力，最晚占用者拥有最低级别的权力，在缺水时期，那些拥有最高级别的用户被允许引用他们所需的全部水量，而那些拥有最低级别的用户被迫限制甚至全部削减他们的引用水量。用水户获取占用权必须填写占用水泉书面申请，并经过一定的行政程序或司法程序才能获得。

（3）中国水权制度。

中国水权制度的特点是政府代表国家行使对水资源的所有权，其他自然人和法人行使对水资源的利用权，于是水资源所有权的主体具有行政主体和民事主体的双重属性，在地区间相邻用水关系中，各地方政府作为民事主体，在维护国家整体利益的前提下，代表各自所在地的地方利益。

中国水权制度建设相对落后，《中华人民共和国水法》规定水资源属于国家所有和集体所有，但并没有对水权进行合理的分割及分配。在相当长的一段时期内，中国的水资源配置一直采用计划经济手段，水权不明晰，权、责、利没有得到规范，用水者不能

通过水权交易获得用水权，只有通过行政程序获取水权来达到目的，而取水权一旦获得，就成为刚性权力。2005 年水利部下发了《水利部关于水权转让的若干意见》，文件指出，健全水权转让的政策法规，促进水资源的高效利用和优化配置是落实科学发展观，实现水资源可持续利用的重要环节。"十一五"规划提出"完善取水许可和水资源有偿使用制度，实行用水总量控制与定额管理相结合的制度，健全流域管理与区域管理相结合的水资源管理体制，建立国家初始水权分配制度和水权转让制度"。2006 年出台的《取水许可和水资源费征收管理条例》第二十七条规定："依法获取取水权的单位或者个人，通过调整产品和产业结构、改革工艺、节水等措施节约水资源，在取水许可的有效期和取水限额内，经原审批机关批准，可以依法有偿转让其节约的水资源，并到原审批机关办理取水权变更手续。具体办法由国务院水行政主管部门制定。"党的十八大报告也特别提出"加快水利建设，增强城乡防洪抗旱排污能力；完善最严格的耕地保护制度、水资源管理制度、环境保护制度；积极开展节能量、碳排放权、排污权、水权交易试点"。《中共中央关于全面深化改革若干重大问题的决定》指出，中国将发展环保市场，推行节能量、碳排放权、排污权、水权交易制度，建立吸引社会资本投入生态环境保护的市场化制度，推行环境污染第三方治理。

水权交易在执行过程中就是水资源使用权通过交易市场转让的行为，在中国开展水权交易的尝试屡见不鲜。2000 年 11 月，浙江省义乌市一次性出资 2 亿元向东阳市买断了每年 5000 万 m³ 水资源的永久使用权，成为中国水权交易的第一案。2002 年年初，张掖市在"总量控制、内部调剂"的指导思想下，采取了水权制度变革与水权交易的实施。2003 年，黄河水利委员会遵照水利部治水思路，应用水权、水市场理论，提出"农转工"的水权有偿转换模式，并在宁夏、内蒙古灌区展开了实践。2006 年，北京市与河北省正式签署了《关于加强经济与社会发展合作备忘录》，结束了河北向北京无偿供水的历史。在十八届三中全会决定下，省区层面上展开的水权交易通常先由国家将水权分配给水资源使用者——各省市，再在各省市之间进行交易的二次分配。2014 年 6 月，根据十八届三中全会的决定，中国各省市用水指标的分配工作接近尾声，下一步就是开展水权交易。

（4）中外水权制度比较与反省。

澳大利亚、美国西部是水资源短缺或相对短缺的国家和地区，水权本质上也可看作是一种财产权，未经过合法程序是不能被损害的。它们初始水权的分配都具有一些共同的特征：一是水权都具有共有产权特性，法律规定水资源为国家所有或州所有，水权的分配是水使用权的分配；二是水权和地权分离，法律授予公民获取水使用权的权力，公民获取水权的标志是获取用水许可证或在公共登记处注册。

澳大利亚和美国对水使用权的分配又有不同之处，美国水权的分配采取"时间优先、权力优先"原则。澳大利亚在早期，用水户申请取水和用水，不论其规模大小，州政府都批准其水权；但随着水资源供需矛盾的突出，水权获得主要是通过水权市场交易。

毫无疑问，水权制度的建立，是一条加强水资源管理的可行之路。在水利部的推动下展开很多地方水权交易，但水权制度要在中国推进，相对于西方发达国家，还会受到很多因素的影响和制约。

水资源管理目前属于中央政府权力，水资源的中央集权使大规模调水工程决策简单而直接。这种体制利于保障国家安全，中央政府调配能力强，但政府决策的科学性保障较差。而水权制度将使中央政府权力受到制约和弱化，水资源将依托市场进行资源配置。政府也将由全过程的水资源管理，变为初始水权的分配和交易规则的监管，管理力度将明显下降。另外，从现有的水资源管理体系转变为水权体系，由于调整了水资源管理的目标和职能，改变了管理运作方式，不是一种"水利行业管理"的简单权力升级，而是一种公共权力的加强和政府权力的制约和削弱，如水权民主协商机制的引入、取水设施的社会化等，都会对相关的政府部门、事业单位和国有企业的利益分配产生影响。因此，管理力度下降和公共权力的加强成为水权制度推进的一个首要障碍。

相对于发达国家，中国水权制度还受到体制不完善的制约，包括水法对"水资源使用权"的约束，以及取水证制度对交易的约束。由于水权制度减少了政府对水资源的再调控能力，因此各级用户对初始水权设定科学性和民主性的要求，会远高于现行的取水许可证的科学性要求。初始水权设定难度大，需要用户的民主参与，需要科学的法律体系作为保障，同时，水权交易过程也需要市场监管体系来支持。但是中国目前的法律体系与此要求差距甚大，水权交易的市场监管体系甚至未提上日程。

7.3.2 水价

水资源具有宏观稀缺性，为了高效利用水资源，必须对水资源进行定价。那么水资源实际的价格到底是如何形成的？本节将着重探讨水价形成、制定的方法理论与实践。

1. 水资源价格的理论基础

（1）水资源价值论。价值论是价格形成的理论基础。从古典学派和马克思的观点看，价值只能来源于使用的社会必要劳动量，离开劳动量的价值论不但是庸俗的，而且是反科学的；新古典学派则企图利用效用价值论替换客观劳动价值论，到了 20 世纪 30 年代以后，西方经济学逐渐抛弃价值论。无论是宏观还是微观，都只以价格为核心，现在通常说的价值规律，实际上还是指市场价格与商品供求关系的规律。

（2）地租论。在古典经济学中，李嘉图的地租论是西方经济学的传统理论。该理论认为，地租不是土地的产物，而是农业生产中超额利润的转化形势。地租是为了使用土地的原有的和不可摧毁的生产力而付给地主的那一部分土地产品，地租是一种价值创造，严格意义上的纯粹地租，不包括地主投资到土地上的资本利息。Tietenberg 根据李嘉图的观点提出资源稀缺租金的概念，认为在资源利用中将产生正的资源使用者成本，边际使用者成本存在意味着高效的资源价格将超过边际开发成本，形成稀缺租金，资源稀缺租金也将等同于边际使用成本。只要产权明确，这个稀缺租金为资源所有者所有，并成为生产者剩余的一部分。在新古典综合经济学中，萨缪尔森认为社会总收入由各种生产要素共同创造，土地、劳动、资本和资本家是创造收入的四个要素，而地租、工资、利息和利润则是这四个要素的相应报酬，其大小取决于生产要素间的边际生产力。萨缪尔森认为边际生产力为收入分配，即生产要素的定论提供了线索，但价格总是在市场上被决定的。他的地租理论主要研究土地及其他自然资源的租金如何通过市场供需关系得以决定，认为地租决定于供求关系形成的均衡价格，即供给和需求决定任何生产要素的价格。

（3）劳动价值论。马克思的劳动价值论认为，价值和使用价值共处于同一商品体内，使用价值是价值的自然属性基础，离开使用价值，价值也就不存在了。价值量的大小决定于所消耗的社会必要劳动时间的多少，社会必要劳动时间是在现有社会正常条件下，在社会平均的熟练劳动程度和劳动强度下，制造某种使用价值所需的劳动时间。马克思在此基础上，认为生产价格由市场价值转化而来，是价值的转换形式。因此，用马克思的劳动价值论解释水资源的价值时，关键在于水资源是否凝结着人类的劳动。

（4）效用价值论。效用价值论是从物品满足人的欲望能力或人对物品效用的主观心理评价角度来解释价值及其形成过程。主要观点包括以下几个方面：①效用是价值的源泉，是形成价值的必要条件。效用同稀缺性结合起来，形成商品的价值；②物品的价值量是由边际效用决定的，边际效用（人们所消费的某种商品中最后一单为商品带给人们的效用）是衡量价值量的尺度；③效用是可以计量的，边际效用是由需求和供给之间的关系决定的；④边际效用递减和边际效用均等，人们对某种物品的欲望强度随着享用的该物品数量的不断增加而递减，因而物品的边际效用是随着其数量增加而递减的，人们在消费多种物品的选择均衡是多种物品的边际效用均等。

（5）生态价值论。该观点从整个生态系统考察社会经济系统，认为经济生产不可避免地要投入水资源等自然资源，同时将生产中产生的废弃物排入自然界，使环境资源，特别是水资源受到污染，其功能和质量下降，为了保持生态平衡，使水资源能够持久地为人类服务、保证人类的延续和生存环境相对稳定，必须对耗费的水资源等自然资源进行补偿。

2．水资源价值论的内涵

李嘉图的地租论为研究资源的价值提供了基础，其指出无论是自然状态的水资源还是已被开垦的水资源，都可以收取资源租金。水资源的价值是由其有用性和稀缺性决定的。马克思的劳动价值论是从商品交换的关系中抽象出来的，本质上体现的还是人与人之间的关系，并不适用于人与物的关系研究，但其为资源价值新的视角。效用价值论把水资源价值分为主观价值和客观价值，比较适用于人对物的评价过程，尤其适合于当人类面对不同稀缺程度的物质资源时如何评价和比较其用处或效用的大小。以萨缪尔森等为代表的建立在边际生产力理论基础上的新古典综合学派认为，供给和需求决定生产要素的价格则有更多合理的成分可以借鉴，对于研究资源价格理论也具有较大的参考意义。生态价值论的提出，让人们从生态系统的角度关注水资源价值问题，并成为后来生态补偿机制的理论基础。但不管存在什么样的资源价值论，水资源价值的内涵体现在以下三个方面：稀缺性、资源产权和劳动价值。

（1）稀缺性是水资源价值的首要体现。现代经济学研究的核心问题是稀缺资源的优化配置问题。在工业化时代，水资源成为制约经济发展的要素之一，人们认识到水资源的稀缺性，也开始重视水资源的优化配置、合理利用和保护问题。水资源价值的大小也是其在不同地区不同时段水资源稀缺性的体现。

（2）资源产权是水资源价值形成的必要条件。产权是现代经济学的一个重要概念，产权理论的代表人物包括德姆塞茨、科斯等。资源配置、经济效率和权利：所有权、使用权、收益权和转让权。所有权就是资源归属的问题；使用权决定是否使用资源、何时以何种方式使用资源的权力；收益权就是通过使用资源有权获取收益；转让权就是处置资源的权利。产权的初始界定就是通过法律明确这些权利。要实现资源的最优配置，转让权是关键。中国国家拥有对于对水资源的产权，任何单位和个人开发利用水资源，即水资源使用权的转让，必须支付一定的费用，这是国家对水资源所有权的体现，这些费用也是资源开发利用过程中所有权及其包含的其他一些权利（使用权等）的转让的体现。

（3）劳动价值是区别天然水资源价值和已开发利用水资源价值的重要标志。对于水资源价值中的劳动价值，主要是指资源所有者为了在交易和开发利用中处于有利地位，对其所拥有的资源的数量和质量的摸底，这样必然在资源价值中拥有一部分劳动价值。对于水资源来讲，主要是水文监测、水利工程建设、水利规划、水资源保护等各种前期投入。

因此，要正确认识水资源价值的内涵，必须结合不同时间和空间的水资源约束。在水资源丰富的地区，水资源的稀缺性不明显，由稀缺性体现的水资源价值就可能比较小，而对于水资源紧缺的地区，其价值就包括稀缺性、产权和劳动价值。洪水季节和枯水季节水资源的稀缺性也有所不同。未开发或待开发的水资源，其价值可能包含的劳动价值就较少。因此，对于不同水资源及其价值的认识，应根据具体情况具体分析，只有这样才能正确认识水资源价值。

3. 水价制定的原则

水价制定的目的在于推动节水事业的发展，使得水资源能够更有效地满足国民经济发展和人民生活的需要，形成有利于节约用水的水价管理体系。因此，制定水价应遵循以下原则：

（1）价值规律原则。价值规律理论场商品水，而商品水的供给在当前或者相当长的时期内都带有很强的垄断性，供需双方处于不平等地位。因此，水价必须受制于社会主义市场经济体制下的价值决定机制、供求机制和政府的宏观调控，使得水资源的开发利用达到优化配置的目的。

（2）供求规律原则。根据水商品价值和供求关系确定的水价应起到调节供需的作用，以促进水资源的合理利用。

（3）统筹安排原则。水资源的开发利用是系统工程，要综合考虑上下游、水利工程建设与维护、城市排水和污水处理的关系，统筹安排，对所有公共排水机构征收排污费、征收排污费的标准取决于污染物质排放的数量和污染程度。

（4）区别性原则。对于不同用途、不同地区以及不同标准的用水实行不同的收费结构和水价。按用户承受能力、相应责任和享受权益与服务来定价收费。将税费标准与水源远近、中期开发费用直接挂钩，体现了水资源的短缺状况及供求关系，用发展的眼光和动态的观点，考虑增加供水量及提高水质标准的边际成本，同时考虑到支付能力，将某类用水户或某种用水目的的水价设定为低于供水成本，此时，亏空的收益可由其他可得到的收益提供补偿。收益大、承受能力强的用户，征收的税费也多。

（5）产业政策原则。在水利产业结构调整中，过去一直试图从外部对产业结构进行调整，水价机制未能积极有效地调整产业结构中发挥应有作用，导致结构调整只有外力缺乏内力，难以达到预期效果。因此，应利用水价杠杆优化水资源配置，改善水资源短缺、开发利用效率低、水的浪费和污染严重的局面，加大水利投入，加强水利建设，支持水利产业化政策。

4. 水价构成、制定方法与影响因素

在制定水价时，只有承认了水的商品属性，才能合理确定水价。制定水价不仅要依据工程建设及运行成本费用、缴纳税金、归还贷款和获得合理利润的原则，而且要按商品水的不同用途和不同品类的商品化程度，实行分类定价。水是一种商品，在市场经济条件下水价应由三部分组成，包括资源水价、工程水价和环境水价。

（1）资源水价是体现水资源价值的稀缺性、有用性和产权特性，是水资源价值的价格体现。它包括对水资源耗费的补偿、对生态环境（如取水或调水引起的生态变化）影响的补偿以及为加强对短缺水资源的保护而进行的技术投入。资源水价通过征收水资源费（税）来实现，水资源费（税）是法定价格，不随市场变化，但其定价应考虑到要逐步适时、适地、适度地调整水价，真正实现水资源的应有价值。政府按照以基本用量为标准的生活用水、以万元国内生产总值耗水为标准的生产用水（效益高者优先，必要产业可实行补贴）和必要的生态用水来规定分水定额，优化配置水资源。任何用户通过缴纳水资源费（税），均可获得取水许可证取得水资源的使用权。

（2）工程水价是仅从工程建设及运行成本费用、缴纳税金、归还贷款和获得合理利润等角度来制定的水价。也就是把资源水变成商品水进入市场所花费的代价。主要指正常供水过程中发生的直接工资、直接材料费、其他直接支出以及固定资产折旧费、修理费、水资源费；为组织和管理供水生产经营而发生的合理销售费用、管理费用和财政费用、利息指出、管理单位按国家水法规定应该缴纳的税金；水管单位从事正常供水生产经营获得的合理收益。

（3）环境水价是为治理水污染和水环境保护所需要的代价，环境成本是一种典型的外部成本。所谓外部成本，是经济当事人的互动对外部造成影响，本人却没有承担的成本。例如：某企业排放污染物进入河流，对河水造成污染，这构成社会成本的一部分，但企业却没有承担，因此是外部成本。所谓外部成本内部化，就是使生产者或消费者产生的外部费用，进入他们生产和消费决策的函数，由他们自己承担或"内部消化"。水为生产生活所必须，在生产领域和生活领域都会产生水环境方面的外部成本（如排污造成的环境损害），因而两个领域都存在外部成本内部化的问题。在生产领域，由于企业的排污行为具有量大、集中、浓度高、危害大、易于监测的特点（相对于生活污水），政府往往通过排污费、总量控制、环境税收等办法来实现外部成本的内化。居民生活消费过程中的排污行为却不同，与工厂排污相比，其排污较分散，污水量较少。尽管一个人或一个家庭消费水对环境造成的影响微不足道，汇集起来却可能造成巨大的环境损害，这种由公众行为造成的外部性称为公共外部性。由于居民人数众多，难以采用对待工业企业一样的办法，因此，考虑到可操作性和实施成本最小，通常用在水价中附加污水费的办法，使消费者承担城市污水处理费。水价中包含污水费是可持续发展的要求，这种构成全面的水价会提高水资源利用效率并解决公共外部成本问题。

7.3.3 水资源市场

1. 全国用水总量不断增加，用水弹性系数明显下降

1952—2002 年，我国 GDP 由 679 亿元增加到 104790 亿元，按可比价计算，增加了

近 40 倍；全国用水总量从 1949 年的 1031 亿 m³ 增加到 2002 年的 5497 亿 m³，增加了 4.3 倍。

从国民经济用水弹性系数变化趋势来看，可大致分为四个阶段：1950—1980 年全国用水量净增加 3406 亿 m³，年均增加 110 亿 m³，年均增长 4.8%；GDP 年均增长 6.3%，用水弹性系数为 0.76。1981—1997 年全国用水量净增加 1130 亿 m³，年均增加 66 亿 m³，年均增长 1.3%；GDP 年均增长 10.1%，用水弹性系数为 0.13。1997—2002 年全国用水量变化不大，基本上在 5500 亿 m³ 左右波动，GDP 实现 7.7% 的年均增长速度，用水弹性系数在 -0.3~0.3 变化。2002—2021 年全国用水量缓慢增加至 5920 亿 m³，GDP 实现 8% 左右的年均增长速度，用水弹性系数在 -0.2~0.2 变化。见表 7.1。

表 7.1 　　　　　　　　　　　　全国用水弹性系数变化

时　段	用水增长/%	GDP 增长/%	用水弹性系数
1950—1980 年	4.8	6.3	0.76
1981—1997 年	1.3	10.1	0.13
1997—2002 年	年用水量在 5500 亿 m³ 左右波动	7.7	-0.3~0.3
2002—2021 年	缓慢增加至 5920 亿 m³	8	-0.2~0.2

注 资料来源于《中国统计年鉴》和《中国可持续发展水资源战略研究》中有关数据的计算。

2. 全面建设小康社会对水资源开发利用的需求分析

水资源作为基础性自然资源和战略性经济资源，是支撑经济社会可持续发展必不可少的基础资源，是实现全面建设小康社会目标必要的保障条件。全面建设小康社会对水资源开发利用的需求包括对水资源数量的需求和水资源质量的需求，需要建立可靠的水资源供给与有效利用的保障体系。

（1）保障饮水安全。获得安全饮水是人类基本需求，也是我国全面建设小康社会的重要内容。保障饮水安全是指要建立与城乡居民生活水平相适应所需的饮用水量和水质标准的安全保障能力。21 世纪的前 20 年，全国人口总量继续增加，城镇化水平不断提高，对居民生活供水需求将有较大幅度的增加；随着人民生活水平和生活质量的不断提高，对饮用水的供水保证率和供水水质的标准的需求也相应增高。因此，在生活、生产和生态用水中，首先确保人民生活用水，并提供清洁、安全的饮用水，以保障人民生活质量的提高。在现阶段，保障饮水安全的重点是解决农村饮水困难问题。根据我国的国情，农村饮水要求大致分为三个层次：第一层次是饮水困难，解决有水喝的问题，这一层次有 2100 多万人；第二层次是饮水安全，解决水量和水质问题，这一层次有 3 亿多人；第三层次是普及自来水，不仅解决有水喝，而且要求饮用安全卫生、方便的自来水，这一层次有 5 亿人左右。城镇保证饮水安全主要是提高自来水普及率和供水保障率。

（2）保障经济供水安全。随着经济的快速增长、经济结构及布局的战略性调整、工业化进程加快，对未来供水总量、供水保证率、供水效率、水资源区域与行业配置的需求提高。我国正处于工业化中期阶段，按照目前的发展速度预计 2030 年进入工业化后期阶段，到那时中国的用水量可能达到最大，随后进入稳定时期。从现在起到 2020 年，全国经济发展对水资源的需求量还会缓慢增长。其中工业需水量增加较多，农业需水量受水资源条件制约,以提高水资源利用效率为主。为满足人口增长和小康生活水平条件下的粮食需求,需要水利为农业灌溉提供水源保障,在保持现有灌溉总用水量基本不增加的前提下,提高灌溉供水保证率、供水效率和效益,减少因干旱少雨、灌溉不足造成的粮食损失。加大节水型社会建设力度,初步形成全国范围内的水资源合理配置和高效利用格局,基本解除缺水对经济社会可持续发展的严重威胁,为水资源可持续利用奠定基础。

(3)维护生态和水环境安全。生态和环境是维系人类社会生存与发展的两大自然支持系统,其质量好坏直接关系到人类的生存与发展。在基本保证生活、经济发展用水的同时,还需要逐步满足生态改善和水环境恢复的需水要求,提高生态环境用水保障程度,协调好人与自然的关系,维护生态和水环境安全。加强水污染防治和水资源保护,大力治理水污染,重视江河源头区、调水水源区和城市供水水源地保护与建设,以提高城市废污水集中处理率为重点,根据不同水域的功能和水质标准要求,以及河流的纳污能力,控制排污总量,并将排污总量指标进行分配,建立污水排放权分配、管理制度,确保水功能区达标。强化地下水污染防治工作。为建立环境优美、生活富裕的发展模式,实现资源消耗低、污染环境少、经济效益高的新型发展道路,需要保证基本的生态环境用水,逐步解决地下水超采、湿地萎缩、河道断流等生态环境问题,促进人与自然的和谐相处。

7.3.4 对策建议

1. 通过结构调整,构筑与水资源承载力相适应的经济体系

结构调整是经济发展的主线,也是促进水资源可持续利用的重要措施。根据水资源承载能力,制定地区产业结构和布局调整方案;调整与水资源条件和水资源供应不相适应的经济结构,使国民经济各产业发展和产业布局与水资源配置相协调,逐步建立与区域水资源和水环境承载力相适应的经济结构体系。

(1)适应水资源承载力,调整经济空间结构。根据水资源条件制定区域经济社会发展规划,逐步调整与水资源条件不相适应的经济布局,在水资源丰富地区和水资源紧缺地区打造各具特色的经济体系,使国民经济各产业布局与水资源空间分布相协调。在缺水地区限制发展高耗水项目,并压缩耗水量大、效益低的行业,重点发展高新技术产业和服务业。鼓励火电、纺织、石油化工、造纸、钢铁等高用水向水资源丰富地区或沿海地区转移。

(2)依据水资源条件,调整城镇发展规模。水资源条件作为构建区域城镇体系、制定城镇经济社会发展规划、确定城镇发展规模的重要前提条件,要从水资源角度,建立起"以水定城市发展合理规模,以水定城镇产业发展"的宏观调控机制。严格实行建设项目水资源论证和行业用水定额取水管理。

(3)依据水资源条件,调整农业种植业布局和结构。制定农业发展战略要充分考虑全国及各地区的水资源条件,在缺水地区减少水稻、冬小麦等大耗水农作物种植比例。加强作物品种改良,调整种植业结构,大力发展节水型农业,促进种植业由传统的"粮食作物+经济作物"的二元结构向"粮食作物+经济作物+饲料作物"的三元结构转变,发展雨热同期或积极培育耐旱的优质高效农业品种。

(4)按照两种资源、两个市场的思想,实施水资源替代战略。增加国内需求量大且耗水多的粮食、纸浆、钢铁等产品进口，努力实现重要资源进口来源多元化，间接实现水资源的国际贸易。从全球范围来看，我国粮食生产并不具有优势，而且粮食是水资源耗用大户，可以在不威胁国家经济安全的条件下，适当多进口粮食等大耗水产品。

2. 通过法制建设，构筑与建设节水型社会相适应的制度保障体系

建设节水型社会是我国实施可持续发展战略的必然选择，是应对水资源短缺问题的根本出路。建设节水型社会是一场深刻的社会革命，需要建立健全法律、法规和制度保障体系。

(1) 完善有关法律法规，推进全社会节水。在《中华人民共和国水法》的基础上建议尽快出台节水法，将节水纳入法制化轨道。加强培训，提高执法者素质，严格依法行政，规范执法，加大执法力度。引导和规范建立各类用水组织，如成立农民用水者协会、行业用水协会，使其成为政府与社会达成共识的桥梁，降低水资源管理的成本。建立发达的信息互通机制，包括信息采集、管理和发布系统，及时向全社会发布用水信息、水权和水市场信息。开展广泛的宣传教育，提高全民节水意识和节水的法律意识，促进全社会节水。

(2) 加强节水制度和标准建设。制定行业和产品用水标准，并强制执行行业和产品用水定额标准。对现有企业和新建企业区别对待，新建和列入国家和地方政府支持的技术改造项目要按照单位产品、产值用水量的国际先进水平进行设计。建立节水器具和节水设备的认证制度和市场准入制度。

(3) 组织制定全国性和区域性节水规划。在《全国节水规范纲要》《全国节水农业发展规划》和《工业节水"十五"规划》的基础上，制定全国建设节水型社会规划和区域性节水规划。华北和西北地区的有关省（自治区、直辖市）要将节水规划列入编制经济社会发展规划的专项规划，明确节水目标和任务，使建设节水型社会成为各级政府的一项重要工作。

(4) 完善水资源价格体系。水资源可持续利用的核心是提高用水效率，建设节水社会。水价是促进水资源优化配置的重要经济杠杆，是激励提高用水效率、减少浪费的有效措施。合理的水价应包括资源水价、工程水价和环境水价，要将其作为水资源定价的基本依据，尽快到位。逐步推广实行定额管理、基本水价和超额加价的累进制水价制度。要按照《水利工程供水价格管理办法》，适时、适地、适量调整水价，引导人们自觉调整用水数量、用水结构。要建立和完善农业用水的计量体系和社会监督体系，加快实行按单位计量、按户收费，尽快扭转喝"大锅水"的不合理局面。

(5) 创新机制，建立多元化的节水投入机制。在国家层面上，对农业节水、工业节水工程要给予大力支持，调整水利投资结构，增加农业节水投资比例。在地方层面上，要加快健全地方财政对节水投入的政策，各省（自治区、直辖市）财政预算中应明确用于节水投入的比例。在用户层面上，按照"谁投资、谁受益、谁所有"的原则确定节水投资主体，对节水项目国家给予政策扶持和资金资助，采取多种形式鼓励节水单位和个人。西北地区可先行试点，在国家支持西部大开发资金中设立西部地区农业节水专项，用于支持该地区农业节水工程建设；地方政府在财政性专项资金（如水利建设基金）中安排一定比例用于农业节水。制定农业节水优惠政策，扶持和鼓励企业和非农户投资建设农业节水工程，政府通过贴息贷款和以奖代补形式予以扶持，通过租赁、拍卖小型水利工程所获得的收入作为农业节水基金，鼓励农民建设节水工程。

3. 通过技术创新，构筑与水资源优化配置相适应的工程技术体系

科学、全面地分析水资源承载能力，遵从社会、经济、资源和生态环境的规律，制定水资源综合利用和保护规划，提高规划和工程建设的科学性，积极实施跨流域调水、节水、污水资源化、海水利用、雨洪利用等重要工程，优化水资源配置，提高水资源利用效率。

（1）兴建必要的跨流域调水工程，从空间上实现水资源的合理配置。调水是解决我国水资源空间分布不均衡的手段之一。我国北方地区资源型缺水十分严重，尤其是黄淮海平原、山东半岛和辽宁中部等经济发达、城市密集地区，跨流域调水是解决这些地区缺水的重要途径。通过实施南水北调东线、中线和西线等工程的建设，将长江、黄河、淮河和海河四大江河相互联结，构建"四横三纵、南北调配、东西互济"的水资源空间配置格局，形成全国水资源配置网络，使缺水的流域、区域水资源条件有明显改善，逐步实现水资源优化配置。

（2）大力推广农业节水新技术，促进节水灌溉技术产业化。研究开发适合我国不同地区特点的节水灌溉技术，不断提高节水技术水平，降低节水投入成本。组织开展节水灌溉设备的标准化体系研究，逐步规范节水灌溉设备生产和销售市场。研究制定鼓励节水技术推广应用的财政、税收、信贷等优惠政策，引导节水技术的推广应用和产业化发展。

（3）全面推行清洁生产，大幅度提高污水处理后的回用率。要全面推行清洁生产，实现从末端治理向以源头治理为主的生产全过程控制的转变，达到减污增效的双重作用，提高水资源利用率。要加快污水处理及其配套管网设施，以及污水处理后的回用设施建设，实现废污水资源化。

（4）扩大海水利用规模，推进海水淡化技术产业化。为促进海水利用及其产业化发展，国家应给予政策方面的支持，采取相应的优惠措施。对海水淡化生产厂、海水淡化技术开发兼专业设备生产的企业给予税收优惠政策。海水淡化企业生产的淡水，参照自来水给予同等补贴，检验合格的淡水允许直接进入城市自来水管网。利用海水作冷却水和海水淡化水作锅炉用水的生产企业，实行税收优惠政策，建议每年由公共财政返还给企业一定的所得税。鼓励具备制造海水淡化设备的生产企业与有关科研单位组成联合体，合作开发、制造成套海水淡化技术设备，走产业化发展道路。

（5）实施地下水人工调蓄工程，加强地下水水源地储备。借鉴国外的做法，建立"水银行"，来调节和缓解供水紧张的局面。建议在华北地区先行实施地下水资源补给工程。修建地下水回灌设施和建立雨洪利用系统，利用丰水年或一般年来水较多的汛期，把地表水回灌到地下，补充地下水，提高地下水位。

4. 建立政府调控、市场引导、用水户参与的水资源管理体系

（1）加强政府宏观调控。完善流域管理与行政区域管理相结合的水资源管理体制。政府要加强对水资源使用权和用水指标分配管理，进行水资源总量控制；引导利用市场机制对水资源进行合理配置；建立合理的水价形成机制；制定水市场交易规则，并加强水市场的监管。

（2）重视用水户参与。鼓励公众广泛参与水资源管理，通过多种形式，让公众全面了解情况，充分表达意见，参与民主决策。在政策制定和实施的全过程中，要积极培育和发展用水者组织、参与水权、水量分配和水价制定。

第8章 河 湖 长 制

什么是河长

习近平总书记高度重视河湖管理保护工作,强调保护江河湖泊,事关人民福祉,事关中华民族长远发展;亲自擘画"江河战略",对长江流域"共抓大保护、不搞大开发",对黄河流域"共同抓好大保护、协同推进大治理"。2019年9月,在黄河流域生态保护和高质量发展座谈会上,更是发出了"让黄河成为造福人民的幸福河"的伟大号召。幸福河不仅是黄河,而应当是所有河湖保护治理的目标。2021年,李国英部长在全面推行河湖长制工作部际联席会议暨加强河湖管理保护电视电话会上提出,努力建设造福人民的幸福河。同年又在人民日报发表《强化河湖长制 建设幸福河湖》署名文章。2019年,水利部在全国遴选18个河湖,建设"河畅、水清、岸绿、景美、人和"的示范河湖,江西省靖安县北潦河入选并高分通过验收。2022年,又在全国遴选6条河流、1个湖泊开展"防洪保安全、优质水资源、健康水生态、宜居水环境、先进水文化"的幸福河湖建设试点,江西省抚州市宜黄县宜水位列其中,这也是国家投资最高的一条河流。2023年,水利部又选取15个省的15条河湖,开幸福河湖建设,南昌市长垦河位列其中。

建设幸福河湖是响应习近平总书记伟大号召,贯彻落实党的二十大精神的具体行动,也是强化河湖长制,推进河湖长效管护体制机制的有效载体,更是满足人民群众对高质量发展、高品质生活需求的内在要求。2021年,江西省委深化改革委审议通过《江西省关于强化河湖长制建设幸福河湖的指导意见》,并于2022年1月6日由省级总河湖长以1号总河湖长令形式签发,提出以强化水安全保障、强化水域岸线管控、强化水污染防治、强化水生态修复、强化水文化传承、强化可持续利用为路径,全面开启了江西省幸福河湖建设。目前,江西省共确定108条河湖开展幸福河湖建设,规划投资667亿元,所有项目全部开工,极大推进了河湖治理和保护。

8.1 河湖长制工作的重大意义

8.1.1 强化河湖长制、建设幸福河湖是贯彻落实党的二十大精神的重要途径

党的二十大报告提出,中国共产党的中心任务就是团结带领全国各族人民全面建成社会主义现代化强国、实现第二个百年奋斗目标,以中国式现代化全面推进中华民族伟大复兴。中国式现代化是人口规模巨大的现代化,是全体人民共同富裕的现代化,是物质文明和精神文明相协调的现代化,是人与自然和谐共生的现代化,是走和平发展道路的现代化。推动绿色发展,促进人与自然和谐共生。尊重自然、顺应自然、保护自然是全面建设社会主义现代化国家的内在要求。必须牢固树立和践行绿水青山就是金山银山的理念,站在人与自然和谐共生的高度谋划发展。我们要推进美丽中国建设,坚持山水林田湖草沙一

体化保护和系统治理，统筹产业结构调整、污染治理、生态保护、应对气候变化，协同推进降碳、减污、扩绿、增长，推进生态优先、节约集约、绿色低碳发展。加快发展方式绿色转型。深入推进环境污染防治。提升生态系统多样性、稳定性、持续性。积极稳妥推进碳达峰碳中和。

强化河湖长制是生态文明制度体系中的重要一环，建设幸福河湖是人与自然和谐共生的重要组成部分。从 2015 年全面实施河湖长制以来，就是通过河长主治、部门联治、社会共治，促进产业结构的转型升级，促进河湖污染防治、水环境提升、水生态修复、水资源节约集约，以流域系统治理的理念推进绿水青山就是金山银山。因此，强化河湖长制、建设幸福河湖就是深入贯彻落实党的二十大精神，实现人与自然和谐共生的现代化的必然要求。

8.1.2　河湖长制是践行习近平生态文明思想的制度保障

保护江河湖泊，事关人民群众福祉，事关中华民族长远发展。全面推行河湖长制，是习近平总书记亲自推动的，以保护水资源、防治水污染、改善水环境、修复水生态为主要任务，以构建责任明确、协调有序、监管严格、保护有力的河湖管理保护机制为目标，从而维护河湖健康生命、实现河湖功能永续利用的重大制度创新。

习近平总书记高度重视河湖保护问题。2019 年 9 月 18 日，在黄河流域生态保护和高质量发展座谈会上明确指出，保护黄河是事关中华民族伟大复兴的千秋大计。

习近平总书记亲自主持召开的三次长江经济带发展座谈会，分别开在 2016 年、2018 年、2020 年这三个重要年度，开在长江上中下游的重庆、武汉、南京三座城市，题目也从"推动""深入推动"演进到"全面推动"。其中，2016 年，习近平总书记在会上全面深刻阐述了长江经济带发展战略的重大意义、推进思路和重点任务，鲜明提出"共抓大保护，不搞大开发"；2018 年，习近平总书记会前赴湖北、湖南实地了解长江经济带发展战略实施情况，会上习近平总书记重点阐述了推动长江经济带发展需要正确把握的五个关系；2020 年，习近平总书记在会上提出，长江经济带生态环境保护发生了转折性变化，经济社会发展取得了历史性成就，同时指出，面向未来，长江经济带生态地位突出，发展潜力巨大，应该在践行新发展理念、构建新发展格局、推动高质量发展中发挥重要作用。

党中央、国务院高度重视河湖保护工作。立足于落实绿色发展理念、推进生态文明建设，解决我国复杂水问题、维护河湖健康生命，完善水治理体系、保障国家水安全，推动建设河湖长制，维护河湖健康生命，实现河湖功能永续利用，实现人水和谐共生。

8.1.3　河湖长制是建设幸福河湖生态的有力抓手

中央高度重视河湖生态保护修复，从统筹推进"五位一体"中国特色社会主义总体布局战略高度，发出"建设造福人民的幸福河"的伟大号召。紧接着，建立健全和强化河湖长制分别被写入党的十九届五中、六中全会文件。2021 年底，李国英部长在署名文章《强化河湖长制 建设幸福河湖》中提到，要全面贯彻落实党中央关于强化河湖长制、推进大江大河和重要湖泊湿地生态保护和系统治理的决策部署，必须咬定目标、脚踏实地，埋头苦干、久久为功，全力把河湖长制实施向纵深推进。这些都为我们新时期提升河湖管理保护成效增添了信心，指明了方向。

5年来，河湖长制从建机立制、责任到人、搭建四梁八柱的 1.0 版本，进阶到重拳治乱、清存量遏增量、改善河湖面貌的 2.0 版本，一条绿色崛起的特色之路走得愈发高效稳健。但也要清醒地认识到，我国河湖众多，很多历史遗留问题还需要逐步解决，特别是与人民群众对优质水美生活的期盼相比，工作中仍存在不少薄弱环节。这就要求我们锚定水利部提出的"全面强化、标本兼治、打造幸福河湖"的河湖长制 3.0 版本目标，通过全面落实河湖长制各项任务，保障河道行洪畅通，河湖水生态空间完整，复苏河湖生态环境，维护河湖健康生命，打造健康幸福河湖生态。

8.1.4 河湖长制是解决新老水问题的重要途径

良好的生态环境是最公平的公共产品，是最普惠的民生福祉。在传统发展时期，随着经济社会的高速发展、城镇化规模的扩大，河湖保护面临诸多问题，乱占乱建、乱围乱堵、乱采乱挖、乱倒乱排、乱捕滥捞等现象普遍存在，有的地方还相当突出。当前，我国发展进入了全面建设社会主义现代化国家的新阶段，社会主要矛盾发生了历史性变化，人民群众对良好生态环境的需求更加迫切。全面推行河湖长制以来，河湖面貌发生历史性改变，越来越多的河湖恢复生命，越来越多的流域重现生机。但是，部分断面水质还不稳定，城镇污水管网建设还较为滞后，传统耕作的化肥和农药施用污染、侵占河湖水域岸线、非法捕捞等乱象仍然不同程度存在，水生态系统整体质量还有待提升，这些问题已成为高质量发展和满足人民优美水生态水环境需求的突出制约。这就要求我们持续强化升级河湖长制，以提升水生态系统质量和稳定性为核心，复苏河湖生态环境，满足人民日益增长的美好生活需要。

8.1.5 河湖长制是建设美丽幸福江西的有效措施

江西河流众多，水系纵横，水库和湖泊星罗棋布，丰富的水资源和优越的植被条件是江西先天的生态优势。习近平总书记在江西考察时指出，绿色生态是江西最大财富、最大优势、最大品牌。要做好治山理水、显山露水的文章，走出一条经济发展和生态文明水平提高相辅相成、相得益彰的路子，打造美丽中国"江西样板"。江西在全面推行河湖长制过程中，始终牢记总书记的殷切嘱托，在实践中探索、在探索中创新、在创新中发展，推动全省河湖水安全、水生态、水环境大幅提升，实现由"水安"到"水净"再到"水清"，并逐步向"水美"的跃升，使其成为最普惠的民生福祉和最具潜力的绿色发展新模式。

江西省第十五次党代表会议指出，过去五年江西省扎实推进国家生态文明试验区建设，形成了五级河湖长制等一批制度成果，生态产品价值实现机制试点取得积极成效，赣鄱大地天更蓝、山更绿、水更清、生态更优美。"十四五"新征程已开局起步，促进经济社会发展全面绿色转型，更高标准打造美丽中国"江西样板"是时代之需。我们要提高站位担使命，坚决扛起治山理水政治责任，聚焦全面建设"六个江西"，实现"五个一流"的目标要求，以河湖长制这一成熟制度保障为蓝本，不断夯实"水"这个生态之基，加快构建具有江西特色的生态文明制度体系，高标准高质量建设秀美幸福河湖、美丽绿色江西。

8.2 河湖长制理论基础

8.2.1 河湖长制涉及的工作内容及理论基础框架

　　基于对河湖长制的认识及其内涵的理解,河湖长制的理论基础至少应包含水文学、水资源、水环境、水法律等四个方面,其中水文学方面侧重于江河湖库水文变化规律与过程等基础理论,包括水循环理论和水量平衡理论;水资源方面侧重于水资源高效利用与可持续发展基础理论,主要包括水资源合理配置理论、水资源可持续利用理论和水资源高效利用理论等;水环境方面侧重于河流污染防治、生态修复等基础理论,包括水污染防治理论、水生态修复理论和河湖健康理论等;水法律方面侧重于河库管理与污染防治法律法规,包括水市场理论、资源环境法基础理论和灾害防治与水事管理法律基础等。河湖长制的理论基础是河湖管理与保护的责任主体需要了解的核心基础理论,是河湖长制稳步落实的基础。综上,总结提出河湖长制的基本理论并构建河湖长制的主要任务及理论基础框架(图 8.1)。

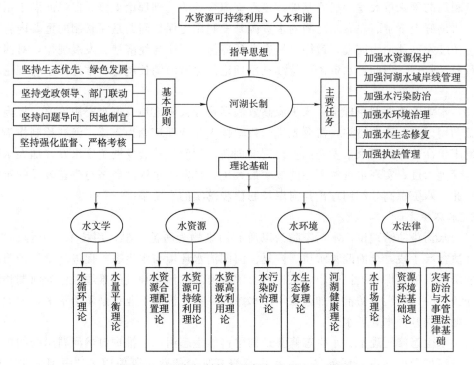

图 8.1　河湖长制的主要任务及理论基础框架

8.2.2 关键理论基础

1. 水文学方面

(1)水循环理论。水存在的状态有固态、液态和气态,通过物理作用如降水、流动、蒸发、渗透等完成状态的转变，即水循环。水循环是联系大气圈、水圈、岩石圈和生物圈相互作用的纽带，是水资源形成的基础。水循环使水资源以能量转变的方式达到可再生可持续利用，水循环理论的研究是推行河长制工作的基础。水循环是永无止境的，但并不能说明水资源是无限可利用的，因此，节约水资源、实现水资源的高效利用、防治水污染、修复水生态等措施势在必行。

（2）水量平衡理论。水量平衡是指水在状态转化的过程中，总量始终保持平衡。水量平衡理论从根本上说明水资源不是取之不竭的，从本质上表明了确立水资源保护、水污染防治、水环境治理和水生态恢复的根本意义以及重要性和必要性。水量平衡原理决定了不能一味地"开源"来解决水资源短缺问题，节水才是关键长效的解决之道。

2. 水资源方面

（1）水资源合理配置理论。水资源合理配置理论是水资源管理的重要基础，是协调各需水部门用水矛盾的基础理论，对于水资源科学调配、保障经济社会发展与生态系统维护具有重要意义。水资源合理配置可以促进水资源的高效利用和节约用水，促使水资源可持续利用，是保护河湖水资源、维护河湖水环境、修复河湖水生态的有效措施。

（2）水资源可持续利用理论。水资源可持续利用理论是协调人类长期稳定发展与水资源永续利用的国家重大发展战略基础，是水资源管理的基础理论支撑。保障河湖水系生命健康，协调好上下游、左右岸之间的水资源开发利用与保护问题是河长制的重要内容，需要以可持续发展理论为前提，遵循自然生态环境保护规律与经济社会发展规律，对河湖水系进行科学管理。因此，水资源可持续利用理论是保障河湖长制稳步推进的重要理论基础支撑。

（3）水资源高效利用理论。水资源高效利用是最大限度地发掘水资源价值，提高单位水资源利用效率的重要措施，需要先进的科学技术和管理理念为支撑。河湖长制作为维护河湖健康生命、保障国家水安全的重要制度创新，如何从社会发展角度出发，加大水资源保护与管理力度，实现水资源利用的效率最大化，是发挥水资源经济与生态效益的重要保障。因此，水资源高效利用理论是河湖长制稳步落实的重要基础。

3. 水环境方面

（1）水污染防治理论。水污染防治以所有污染物为防治对象，用技术、工程、生态、经济、法律等手段，全面改善水质、恢复江河湖泊水环境与水生态，促进环境保护与经济社会的协调发展，保障人民健康，从根源上解决河湖水污染频发的难题。作为河湖长制的主要任务之一，水污染防治要加强饮用水水源的保护，提高工业污染防治水平，加大污水处理力度，提升污水处理水平。

（2）水生态修复理论。水生态修复是构建自然生态河流、维护自然河湖岸线的重要措施，也是河湖管护的主要任务之一。水生态修复理论的落实既要遵循"一河一策"的原则，又要实现科学长效。在当前资源约束趋紧、社会经济发展与生态保护矛盾突出且难以协调的大背景下，急需打破旧制度，以创新的思维实施河湖管理。河湖长制是我国河湖管理的制度创新，是生态文明建设的内在需求，其重要内容之一是水生态保护与修复。

（3）河湖健康理论。河湖健康是在河湖生命存在的前提下，描述河湖生命存在状态的一种具有社会属性的概念，可以概括为一定经济社会发展的背景下，河湖系统能够维持其结构的完整性与稳定性，充分发挥自然功能、生态功能和一定需求的社会功能。河湖健康是人类社会实现可持续发展的前提，是河湖管护的目标和河湖治理的导向。

4. 水法律方面

(1) 水市场理论。水市场是水权交易与有偿转让的场所和平台，通过对水资源时间和空间上的有偿调度，实现水资源跨区域/流域的合理配置，以缓解区域水资源丰缺问题，促进水资源的合理利用。以水市场机制为基础解决好水资源的交易和转让，是实施河湖长制的核心内容之一，也是河湖长制能够顺利实行的重要基础。

(2) 资源环境法基础理论。资源环境法是协调人水关系、保护河湖水环境、促进水资源可持续利用的法律保障。为了促使河湖资源环境保护法制化，以法治制度约束河湖保护，河湖长制建设需要资源环境法律作支撑。

(3) 灾害防治与水事管理法律基础。灾害防治即避免和减轻自然灾害造成的损失，水事管理即制定水事秩序、化解水事矛盾等。灾害防治与水事管理法律是为维护人民生命财产安全、解决河湖管护中的水难题、促进经济和社会的可持续发展而制定的法律法规。河湖长制在处理水事务过程中，难免出现水事纠纷，因此需要水事管理法律作支撑。

8.3 河湖长制支撑体系

8.3.1 河湖长制支撑体系框架

河湖长制是由地方政府率先实行并推广到全国的一种极具中国特色的创新性河湖管理制度和模式。推行河湖长制是一项涉及众多领域、机构、群体的重要战略举措，需要政府、企业、社会和个人共同发力的大工程。为了保障河湖长制的有效落实，需要配套相应的支撑体系。基于对河湖长制的认识和理解，构建了以"技术标准—行政管理—政策法律"为框架的河湖长制支撑体系（图8.2）。其中：技术标准体系主要涉及支撑河湖长制稳步落实的技术手段与标准规范，对应河湖长制的主要任务，分为水资源保护、水污染防治、水生态修复、河湖工程建设、河湖健康与水资源合理分配六类；行政管理体系主要涉及支撑河湖长制稳步落实的行政与管理制度，分为河湖长制行政审批机制、河湖长制监督管理机制、河湖长制行政考核机制、水域岸线管理机制和河湖保护机制五类；政策法律体系主要涉及保障河湖长制稳步落实的政策制度支撑和法律法规支撑，分为河道管理法律制度、水权制度、水环境保护法律制度、生态环境用水政策法律、涉水生态补偿机制和水事纠纷处理机制六类。

8.3.2 河湖长制支撑体系之技术标准体系

(1) 水资源保护技术标准体系。水资源保护涉及水资源的开发与高效利用、可持续利用、合理配置、入河湖排污口布局与整治、水源地及地下水保护等方面的技术和标准，是河湖长管理和保护河湖水资源的重要依据和技术支撑。

(2) 水污染防治技术标准体系。水污染防治是保护水环境、修复水生态的必要措施，包含污水处理、水质改善、控制污染源等。我国现有的水污染防治技术标准有很多，涉及

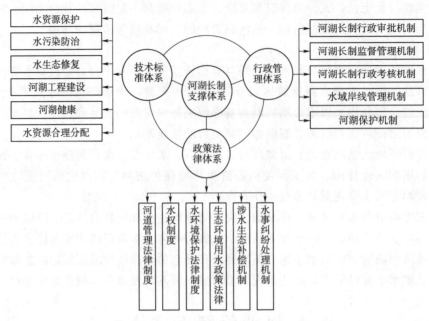

图 8.2　河湖长制支撑体系框架

生活、农业、工业等方面，相应的技术标准可供河湖长在开展河湖水污染防治工作中遵循和参考。

（3）水生态修复技术标准体系。水生态修复的目的是改善河湖水源地水质、修复退化的河湖湿地、重建重污染河湖水生态等。在当前科技支撑下，针对大多数生态环境类型均有配套的修复技术标准可以参考和借鉴，这些技术标准是河湖长开展河湖水生态修复工作的技术保障。

（4）河湖工程建设技术标准体系。调水工程、供水工程、防洪工程、河道堤防工程以及水处理工程等是河湖管护中必不可少的水工程。河湖工程建设技术标准是针对各类河湖建设工程的规划、勘察、施工、验收、运营管理及维修等事项制定的技术依据与准则。依靠该技术标准，河湖长可以在河湖工程建设的安全实施方面进行指导与质量把关。

（5）河湖健康技术标准体系。河湖健康技术标准是判别河湖状态与河湖治理措施是否有效的技术准则。河湖长在对所管辖河湖进行健康评价时，可结合河湖实际情况，依据河湖健康技术标准，充分利用可以表征河湖状态的关键指标数据，选用适当的评价方法对河湖健康进行评价。

（6）水资源合理分配技术标准体系。河湖是大多数地区生活、生产、生态的重要水源之一，在水资源供需矛盾日益严重的情况下，河湖长为了科学合理地协调各地区的水资源分配，节约和保护河湖水资源，不仅需要好的决策手段，而且需要合理的水资源分配技术标准作支撑。

8.3.3　河湖长制支撑体系之行政管理体系

（1）河湖长制行政审批机制。河湖长制行政审批机制是指行政机关依法审核、批准或同意河湖管护部门、自然人、法人等申请从事河湖管护中的特定活动，认可其行事能力的核查制度，可以保障河湖管护措施的科学合理和合法性。因此，要尽快制定、明确和规范河湖长制行政审批程序，维护河湖长制的健康和良性运转。

（2）河湖长制监督管理机制。河湖长制监督管理机制是加强河湖管护监督考核的必要举措，河湖长制的监督和管理要实现信息透明化，定期督察通报河湖长制落实情况与河湖长履职情况；建立公示制度，公示各级河湖长名单、河湖概况及管理现状、各阶段治理目标、河湖长制工作监督举报电话等，接受社会监督。

（3）河湖长制行政考核机制。河湖长制行政考核机制是提高河湖管护工作效率与效果的保障。县级及以上河湖长应负责组织对下一级河湖长的考核，并根据河湖实际，以季度考核和年度督查相结合的方式进行差异化绩效评价考核，并将考核结果列入河湖长的综合政绩考核中，有功必奖、有过必罚。

（4）水域岸线管理机制。河湖水域岸线管理机制主要是用来规范和指导河湖长进行河湖水域岸线管护工作，通过建立水域岸线管理机制，明确和划分河湖长及各部门的职责，统一规划水域岸线管理，充分发挥水域岸线资源的综合效用。此外，水域岸线管理机制要规划落实岸线分区，根据岸线功能对河湖水域进行分区治理。

（5）河湖保护机制。河湖保护机制是河湖长进行河湖管护工作的基础，推行河湖长制的指导准则。各地区应结合实际建立河湖保护机制，为河湖管护的各项任务确定相应的措施和实行标准，可从制定水资源保护规划、规范水域岸线管理、完善入河湖排污管控机制、统筹水环境、水生态修复、建立河湖长制监督考核体系六项主要任务入手。

8.3.4 河湖长制支撑体系之政策法律体系

（1）河道管理法律制度。河道管理法律制度是对河道管理的主要内容和规范在法律层面上予以明确，即提供法律依据，是国家对河道管理进行有效控制的重要手段，如《中华人民共和国河道管理条例》等。依据河道管理法律制度，河湖长可依法对河道行使管理权，同时，根据河湖长制"一河一策"的原则，地方政府可以结合河湖实际，就河道管理的几个方面制定管理实施细则，力求全方位管理。

（2）水权制度。水权制度是建立水市场、落实水权交易的基础，因此学习水权制度不仅有利于河湖长有效管理所辖流域内的水权交易，还能帮助、协调和解决各利益主体之间的水权纠纷和矛盾。

（3）水环境保护法律制度。水环境保护法律是我国为防止水环境恶化、保护和改善水环境所制定的法律，如《中华人民共和国水污染防治法》，可为河湖长及河湖管护机构进行水资源规划、配置与调度以及水利执法监督检查等水环境保护行为提供法律制度保障。

（4）生态环境用水政策法律。人类活动挤占生态环境用水，造成河湖生态环境退化是亟待解决的关键问题，急需从法律层面对生态环境用水进行强制规范和限制，划定生态环境用水红线，加快生态环境修复进程。

（5）涉水生态补偿机制。建立涉水生态补偿机制是保护河湖水环境、修复河湖水生态的必要举措，是推行河湖长制顺利实施的重要内容。通过建立限制发展区域、重大水利工程建设、生态保护与生态修复等涉水生态补偿机制，可以为河湖不同水功能区的生态修复提供依据与制度支撑。

（6）水事纠纷处理机制。水事纠纷处理机制旨在帮助解决涉水矛盾和纠纷，在河湖长制的推行过程中，开展河道管理、水资源配置、水工程建设、水灾害防治、水污染处理等工作势必引发区域内或区域间的水事纠纷，而合理有效的水事纠纷处理机制就显得尤为重要。

8.4 河湖长制主要工作职责

8.4.1 全面认清自身承担的河湖长制工作职责

河湖长制，是指在江河水域设立河长、湖泊水域设立湖长，由河长、湖长对其责任水域的水资源保护、水域岸线管理、水污染防治和水环境治理等工作予以监督和协调，督促或者建议政府及相关部门履行法定职责，解决突出问题的机制。

河湖长制是一种协调机制，是在河湖长牵头组织下，各部门共同管理、保护和治理水域的工作机制，并不改变相关单位在水域管理、保护和治理方面的法定职责。

从水利部门而言，既要承担法律法规和"三定"方案赋予水利部门的职责，同时，河长办设在水利部门，作为党委政府具体承担河湖长制工作的部门，还应当做好河长办的日常工作。

水利部门职责：承担河长办具体工作，开展水资源管理保护，推进流域生态综合治理、节水型社会建设和水生态文明建设，组织河道采砂、水利工程建设、河湖管理和保护等，依法查处水事违法违规行为。在完善联合执法机制的基础上探索综合执法。

河长办职责：具体负责组织实施河湖长制，落实河湖长确定的事项，主要职责为组织协调、调度督导、检查考核。

8.4.2 切实履行好水利部门河湖管理保护治理的职责

（1）重点抓好水资源管理保护。落实最严格的水资源管理制度，促进节水优先，建设节水型社会，以优质水资源支撑经济社会的可持续发展。

（2）切实加强水域岸线空间管控。严格涉河建设项目审批，强化河湖水域岸线管控，抓好河湖"四乱"问题的整治。严格河道采砂管理，科学规划、依法许可、规范开采、打击非法。

（3）加大水土流失预防监督，强化开发利用项目监管，防止人为水土流失。落实水土保持措施，助力青山常在。

（4）大力推进水利工程建设与管理，积极推进重点项目建设，提升防洪抗旱能力，确保防洪供水安全。

8.4.3 充分发挥河长办的组织协调、调度督导、检查考核推动作用

协助河湖长开展河湖长制工作，落实河湖长确定的任务，定期向河湖长报告有关情况；协调建立部门联动机制，督促相关部门落实工作任务，协助河湖长协调处理跨行政区

域上下游、左右岸水域管理、保护和治理工作；加强协调调度和分办督办，组织开展专项治理工作，会同有关责任单位按照流域、区域梳理问题清单，督促相关责任单位落实整改，实行问题清单销号管理；组织开展河湖长制工作年度考核、表彰评选，负责拟定河湖长制相关制度，组织编制一河一策、一湖一策方案；开展河湖长制相关宣传培训等工作；切实落实好各级河湖长交办的工作任务。

8.4.4 以幸福河湖建设统领河湖长制工作

幸福河湖就是生态文明在河湖的直接体现。在追求发展过程中，必须把握新发展阶段、落实新发展理念、构建新发展格局。要把生态文明思想真正落实到经济社会发展中来，实现生态环境保护和经济社会发展的"协同共赢"。2022年1月6日，时任江西省委书记易炼红签发1号总河长令暨《江西省关于强化河湖长制建设幸福河湖的指导意见》，正式开启幸福河湖新纪元。主要任务是着眼于保障江河长治久安，建设"平安河"；着眼于倡导全民节水爱水护水，建设"文明河"；着眼于促进河湖生态系统健康，建设"健康河"；着眼于满足人民水美生活向往，建设"人文河"；着眼于推动生态与富民双赢，建设"富民河"。努力描绘好"河畅水清、岸绿景美、鱼翔浅底、人文彰显、和谐共生"的幸福河湖建设蓝图——到2025年，在流域生态综合治理的基础上，流域面积50km^{2}以上河流的干支流中基本建成100条（段）幸福河。到2035年，"五河一湖一江"基本建成幸福河湖。

幸福河湖建设既包括了河湖长制工作的全方面，又是持续强化河湖长制工作的总纲领。要切实围绕幸福河湖建设的"六大路径"，认真推进强化水安全保障、强化水岸线管控、强化水环境治理、强化水生态修复、强化水文化传承、强化可持续利用等工作任务。

8.4.5 不断推动河湖长制提档升级，实现河湖高效管护

一是做好组织部署。每年年初拟定年度重点工作方案，提请总河湖长会议审定并部署，确定年度重点、明确具体任务、落实具体措施、压实工作责任。

二是做好巡河督导。坚持以问题为导向，按时提请本级河湖长开展巡河督导，及时发现问题、分析原因、明确要求、协调解决问题。督促问题整改，并将情况报告河湖长。

三是组织开展专项整治。对重点、难点问题，提请河湖长重点关注，并发挥河湖长统筹协调各方的作用，形成思想共识，并具体安排开展专项整治。

8.4.6 坚持导向引领，切实抓好河湖管护突出问题整治

要始终坚持目标导向、问题导向、结果导向，坚持综合治理、系统治理、源头治理，针对侵占河湖水域岸线、污染水体、破坏水生态等突出问题，大力推进工业、城镇生活、农业面源、船舶港口码头等污染整治，严厉打击非法采砂、非法捕捞、非法排污等行为，不断巩固治理成果，建立健全长效机制。

要努力汇聚各职责部门的工作合力，建立起一套运行有序、有力的部门协作配合机制。严格执行河湖长制督察、督办制度，对问题清单进行滚动、销号、闭环管理。加大明察暗访力度，特别是针对中央巡视整改、中央环保督察等发现指出的突出问题要开展进驻

式暗访检查，不断传导监督压力，促进工作落实更加有力有效，问题解决更加及时到位。

8.4.7　运用系统思维，统筹推进河湖流域生态综合治理

山水林田湖草是生命共同体。要坚持全局性谋划、战略性布局、整体性推进，以水而定、量水而行，因地制宜、分类施策，统筹城乡，加强区域合作，上下游、左右岸协调推进、水域陆地共同发力，真正加强水资源保护、河湖水域岸线管理、水污染防治、水环境治理、水生态修复。

要以河流流域、湖泊区域为单元，融合各方力量、资金、项目，大力推进河湖综合治理，积极探索水生态产品价值实现机制，不断健全生态保护补偿机制，将幸福河湖建设与地方经济发展有机结合，加快推动水生态优势持续转化为经济优势，助推经济社会发展全面绿色转型。

8.5　河湖长制主要工作内容

中办国办《关于全面推行河长制的意见》及《关于在湖泊实施湖长制的指导意见》明确：河长制主要任务是加强水资源保护、加强河湖水域岸线管理保护、加强水污染防治、加强水环境治理、加强水生态修复、加强执法监管。湖长制主要任务是严格湖泊空间管控、强化湖泊岸线管理保护、加强湖泊水资源保护和水污染防治、加大湖泊水环境综合整治力度、开展湖泊生态治理与修复、健全湖泊执法监管机制。

省委办公厅、省政府办公厅《关于印发江西省全面推行河长制工作方案》和《关于在湖泊实施湖长制的工作方案》明确：河长制主要工作任务是统筹河湖保护管理规划、落实最严格水资源管理制度、加强水污染综合防治、加强水环境治理、加强水生态修复、加强水域岸线管理保护、加强行政监管与执法、完善河湖保护管理制度及法规。湖长制主要工作任务是严格湖泊水域空间管控、强化湖泊岸线管理保护、加强湖泊水资源保护和水污染防治、加大湖泊水环境综合整治力度、开展湖泊生态治理与修复、健全湖泊执法监管机制、完善湖泊保护管理制度及法规。

8.5.1　加强水资源保护

落实最严格水资源管理制度，严守水资源开发利用控制、用水效率控制、水功能区限制纳污三条红线。实行水资源消耗总量和强度双控行动。坚持节水优先，全面提高用水效率。严格水功能区管理监督，确定纳污容量和限制排污总量，落实污染物达标排放，切实监管入河湖排污口，严格控制入河湖排污总量。

8.5.2　加强河湖水域岸线管理保护和空间管控

严格水域岸线等水生态空间管控，依法划定河湖管理范围。科学编制岸线利用规划，落实规划岸线分区管理要求，强化岸线保护和节约集约利用。加强涉河建设项目管理，严格行政许可。科学制定河道采砂规划，加强采砂作业监管。严禁侵占河道、围垦湖泊、非法采砂，清理整治岸线乱占滥用、多占少用、占而不用，恢复河湖水域岸线生态功能。

8.5.3　加强水污染防治

落实《水污染防治行动计划》，统筹水上、岸上污染治理，完善入河湖排污管控机制和考核体系。排查入河湖污染源，加强综合防治，严格治理工矿企业污染、城镇生活污染、畜禽养殖污染、水产养殖污染、农业面源污染、船舶港口污染，改善水环境质量。优化入河湖排污口布局，实施入河排污口整治。

8.5.4　加强水环境治理

强化水环境质量目标管理，按照水功能区确定各类水体的水质保护目标。切实保障饮用水水源安全，开展饮用水水源规范化建设，依法清理饮用水源保护区违法建筑和排污口。加强河湖水环境综合整治，推进水环境治理网格化和信息化建设，建立健全水环境风险评估排查、预警预报与响应机制。因地制宜建设亲水生态岸线，加大黑臭水体治理力度。以生活污水处理、生活垃圾处理为重点，综合治理农村水环境，推进美丽乡村建设。

8.5.5　加强水生态修复

推进河湖生态修复和保护，禁止侵占自然河湖、湿地等水源涵养空间。在规划的基础上稳步实施退田还湖、退渔还湖，恢复河湖水系的自然连通，加强水生生物资源养护，提高水生生物多样性。开展河湖健康评估。强化山水林田湖系统治理，加强江河源头、重要水源涵养地的水环境保护。加快水源涵养林建设，全面保护天然林，大力种植阔叶林，提高森林质量。依法划定饮用水源保护区，强化饮用水源应急管理。积极推进建立生态保护补偿机制。加强水土流失预防监管和综合整治，建设生态清洁型小流域，维护河湖生态环境。

8.5.6　加强行政监管与执法

建立健全法规制度，加大河湖管理保护监管力度，建立健全部门联合执法机制，探索建立适合各地实际的河湖生态环境综合执法体制。完善行政执法与刑事司法衔接机制。建立河湖日常巡查制度，利用信息化手段实行河湖动态监管。落实河湖管理保护执法监管责任主体，持续开展河湖"乱占乱建、乱围乱堵、乱采乱挖、乱倒乱排"突出问题专项整治，严厉打击非法侵占水域岸线、擅自取水排污、非法采砂、非法采矿洗矿、倾倒废弃物以及电、毒、炸鱼等破坏河湖生态环境的违法犯罪行为。

参 考 文 献

[1] 全国干部培训教材编审指导委员会组织编写. 生态文明建设与可持续发展 [M]. 北京：人民出版社，2011.

[2] 张国兴，何慧爽，郑书耀. 水资源经济与可持续发展研究 [M]. 北京：科学出版社，2016.

[3] 白晓慧，孟明群，舒诗湖，等. 城镇供水管网数字水质研究与应用 [M]. 上海：上海科学技术出版社，2017.

[4] 顾向一. 我国水生态文明法律规制研究 [J]. 水利发展研究，2017，17 (3)：3 - 8.

[5] 蒋洪强，王金南，程曦. 建立完善生态环境绩效评价考核与问责制度 [J/OL]. 环境保护科学，2015，41 (5)：43 - 48.

[6] 胡四一. 加快国家水资源监控能力项目建设 [J]. 水利信息化，2013 (6)：1 - 4.

[7] 王浩. 实行最严格水资源管理制度关键技术支撑探析 [J]. 中国水利，2011，(6)：28 - 29，32.

[8] 安晓峰. 我国水环境问题及水环境修复措施探讨 [J]. 吉林水利，2015 (10)：25 - 27.

[9] 张炎. 水与生态文明建设 [M]. 武汉：长江出版社，2013.

[10] 周秋红，张翔. 水环境可恢复性定义及其评价指标初步研究 [J]. 水电能源科学，2011，29 (9)：35 - 37.

[11] 董淑阁. 关于龙王河流域赣榆段水环境修复的思考 [J]. 污染防治技术. 2009，22 (1)：17 - 19.

[12] 俞孔坚. 景观：文化，生态与感知 [M]. 北京：科学出版社，1998.

[13] 王恩涌. 王恩涌文化地理随笔 [M]. 北京：商务印书馆，2010.

[14] 何冰，王廷荣，高辉巧. 城市生态水利规划 [M]. 郑州：黄河水利出版社，2007.

[15] 谷树忠，李维民. 关于构建国家水安全保障体系的总体构想 [J]. 中国水利，2015，9：3 - 5，16.

[16] 李志斐. 中国周边水资源安全分析 [J]. 国际安全研究，2015 (3)：114 - 135.

[17] 陈雷. 大力加强水文化建设 为水利事业发展提供先进文化支撑——在首届中国水文化论坛上的讲话 [J]. 河南水利与南水北调，2009 (12)：1 - 4.

[18] 靳怀堾，尉天骄. 中华水文化通论（水文化大学生读本）[M]. 北京：中国水利水电出版社，2015，6.

[19] 李宗新. 水文化文稿 [M]. 呼和浩特：远方出版社，2002.

[20] 董文虎. 水利发展与水文化研究 [M]. 郑州：黄河水利出版社，2008.

[21] 冯天瑜，等. 中华文化史 [M]. 上海：上海人民出版社，2010.

[22] 汪健，陆一奇. 我国水文化遗产价值与保护开发刍议 [J]. 水利发展研究，2012，1：83 - 86.

[23] 刘昌明，王恺文. 城镇水生态文明建设低影响发展模式与对策探讨 [J]. 中国水利，2016，19：1 - 4.

[24] 张建云，王小军. 关于水生态文明建设的认识和思考 [J]. 中国水利，2014，7：1 - 4.

[25] 左其亭. 水生态文明建设几个关键问题探讨 [J]. 中国水利，2013，4：1 - 3，6.

[26] 王浩，黄勇，谢新民，等. 水生态文明建设规划理论与实践 [M]. 北京：中国环境出版社，2016.

[27] 傅春，刘杰平. 河湖健康与水生态文明实践 [M]. 北京：中国水利水电出版社，2016.

[28] 李原园，赵钟楠，刘震. 新时代全面提升国家水安全保障能力的战略思想和重要举措 [J]. 中国水利，2023 (4)：02.

[29]　单菁菁，李红玉，武占云，等．城市蓝皮书：中国城市发展报告 No.14［M］．北京：社会科学文献出版社，2021.

[30]　刘宁．对中国水工程安全评价和隐患治理的认识［J］．大坝与堤防安全及监测，2005（22）：08－09.